초등학교, 이 정도는 알고 보내자

자녀를 학교에 보내면 갖가지 두려움이나 걱정들이 있을 수 있지만,
돌이켜 보면 그것들은 아이가 태어나 걸음마를 하고, 유치원에 가는 등
생의 단계 단계마다 있어 왔던 것들이다. 이제 아이가 작은 사회로 발돋움하게
되었으니 그동안 부모로서 쏟은 희생과 헌신은 칭찬받아 마땅하다.

초등학교,
이 정도는 알고 보내자

김은혜 ● 김성현 지음

차례

처음 초등 학부모가 되는
부모님들에게

소중한 자녀가 초등학교에 간다. 학용품이며 옷가지들을 새로
장만하고 꼼꼼히 챙겨 준비는 하지만 그래도 마음 한구석이 좀 불안
하고 허전하다. '아직 마냥 아이인 것 같은데……', '잘 적응해 낼까?',
'친구들을 잘 사귈 수 있을까?' 이런저런 걱정이 앞선다.

초등학교에 관한 제반 사항을 담고 있는 교육과정에서는 초등학
교의 목표이자 성격을 이렇게 규정하고 있다.

초등학교 교육은 학생의 일상생활과 학습에 필요한 기본 습관 및 기초 능력
을 기르고 바른 인성을 함양하는 데에 중점을 둔다.

초등학교는 '사회의 구성원으로서 꼭 필요한 지식과 인성 요소들
을 기르고 배우는 곳'으로, 일정 연령이 된 아이들이 가정을 떠나 학
교에 모여 정해진 목표에 따라 연습하고 익히는 활동을 하게 된다.

바꾸어 생각하면 기본 생활 습관과 기초 학습 능력만 충실하게 갖추면 이 시기에 학교에서 달성해야 하는 목표는 충분히 이룬 것이라 할 수 있다.

아이들은 학교생활을 통해 시간에 맞추어 규칙적으로 수업하고, 식사하고, 화장실에 다녀오고, 주변 정리를 하는 등 스스로 생활을 관리하는 법을 배우며, 인사하고 배려하고 양보하는 등의 예의와 질서를 익히게 된다. 또한 듣고 말하고 읽고 쓰는 국어 능력과, 셈하고 시간과 길이를 아는 등의 수리 능력을 기르며, 사회의 약속들과 자연현상, 과학적 사실 등을 배운다. 뛰어 놀며 움직이고 싶은 욕구를 충족하고, 음악과 미술을 느끼고 즐기며 심미안을 기른다. 이렇듯 초등학교에 다니는 기간은 살아가는 데에 필요한 기본적인 능력들을 폭넓게 경험하고 기르는 시기다.

따라서 자녀들을 초등학교에 보내는 학부모라면 자녀가 학교생활을 무리 없이 잘 해내도록 도와주기 위해 어떻게 해야 할지 생각해 볼 필요가 있다.

먼저, 아이가 다른 사람과 더불어 생활할 수 있도록 너그럽고 여유로운 마음을 갖게 해 주어야 한다. 아이가 감당하기 벅찬 학습을 강요해 평생 해야 할 배움에 대해 힘들고 부정적인 정서를 갖게 한다면 그것은 아이의 생애 전체를 생각할 때 매우 잘못하는 것이다. 세상은 신기한 사실들이 무궁한 곳이고, 그것들을 알아가고 살펴보기 위해 읽고 탐구하는 방법들을 익히면 더 많은 것을 경험할 수 있다는 마음을 갖게 해 주는 것으로 충분하다.

또한 많은 부모들이 간과하기 쉽지만 정말 중요한 한 가지는, 새로운 생활을 아이 스스로 잘 해낼 수 있도록 생활 습관을 길러 주는 것이다. 학교생활이 중요하지만, 아이들은 여전히 가정에서 더 많은 시간을 보내게 된다. 게다가 습관은 학교와 가정이 서로 연계해 노력해야 제대로 자리 잡을 수 있다. 초등학교 생활을 잘 도와주려면 일찍 잠자리에 들고, 아침밥을 먹고 등교하며, 씻고 양치하는 등의 청결한 생활이 습관이 될 수 있도록 도와주어야 한다.

이제 제4차 산업혁명의 시대가 본격화되면서 사회는 빠르게 변화하고 있다. 그에 따라 학교의 모습도 변화할 것이다. 여러 가지 직업이 없어지고 새로 생긴다고들 하지만, 이런 전망을 하는 사회학자들도 초등학교는 여전히 존재할 것이라고 말한다. 초등학교는 사회생활의 기본적이고도 꼭 필요한 내용들을 다루는 곳이기 때문이다. 따라서 부모도 기본을 지키며 천천히 아이 스스로 일어서고 준비할 수 있도록 도와주면 된다.

이 책은 이제 초등학교에 들어가거나 초등학생 자녀를 둔 부모들을 위한 책이다. 이 책을 함께 집필한 우리 부부는 초등학교 학령기 부모이자, 현직 초등학교 교사다. 십 년 넘게 초등학교 교사로 수많은 아이를 가르쳐 왔지만, 교사 입장에서 시선을 돌려 학부모의 입장이 되어 아이의 학교생활을 챙기다 보니, 교사일 때와는 또 다른 상황들이 눈에 들어왔고, 부모로서 아이의 학교생활을 도와줄 더 많은 유용한 정보들을 발견하게 되었다.

많은 부모들이 궁금해하고, 부모로서 알아 두면 도움이 될 자녀의 초등학교 생활에 필요한 모든 것을 이 한 권에 담았다. 이 책은 2012년에 출간된 《초등 부모 학교》의 개정판이다. 2017년부터 적용되는 개정교육과정을 반영하여 새롭게 바뀌는 교과서와 교육과정을 담아 달라지는 초등학교 교육에 잘 적응할 수 있도록 내용을 새롭게 구성하였다.

소중한 아이들이 이제 초등학교에 다니게 된 것을 축하하며, 이 책이 자녀들의 삶의 기초가 되는 초등학교 생활을 잘 해낼 수 있도록 돕는 친절한 안내서가 된다면 좋겠다.

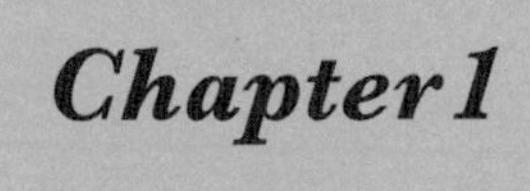

Chapter 1

내 아이 초등 입학을 위한 부모들의 준비물

Chapter 1

01 첫 입학, 설렘과 걱정이 교차한다

학부모가 되었다.

소중한 아이를 낳아 뒤집기와 걸음마를 지켜보며 기뻐하던 것도 잠시, 어린이집과 유치원을 보내며 아이의 유아기를 힘겹게 마쳤다. 그리고 집으로 날아온 취학통지서. 이렇게 얼떨결에 학부모가 된다.

취학통지서에는 신입생 학부모 소집일에 관한 안내가 나와 있다. 이것은 학교에 입학하는 아이들의 인적 사항 등 정보를 취합해 학교에서 학년과 반을 구성하는 기초 작업을 할 수 있도록 하고, 학생과 학부모들에게는 초등학교 생활을 준비하는 데 필요한 안내를 전하기 위해 발송한다. 학부모 소집은 보통 취학하는 해의 1~2월 중 평일에 있다. 이때는 취학통지서와 그 외 예방접종, 돌봄교실 이용 여부 등 입학 전에 필요한 제출 서류와 입학식에 대한 안내를 하며, 학교에 따라서는 입학 전 생활 안내 등을 해 준다.

'직장에 양해를 구해야 하나', '둘째는 어디에 맡기고 가야 하나' 등 학부모 소집일에 대한 생각으로 갑자기 마음이 분주해진다. 사정상 참석할 수 없을 때에는 해당 학교에 연락해 취학통지서와 서류만이라도 미리 내고 안내 자료를 받도록 하자.

학교에 처음 방문해 입학 전 생활 안내를 듣고 나면 준비해야 할 것들이 꽤 많다는 것을 알게 된다. 아이는 지금도 아침에 일어나기 힘들어하는데, 입학하면 매일 8시 40분까지 등교할 수 있을까? 밥은 제대로 먹으려나? 대변이 마려우면 어떻게 하지? 친구를 잘 사귈 수 있을까? 등등 수많은 걱정이 앞선다.

아이를 처음 초등학교에 보내는 부모라면 대부분 비슷한 걱정들을 하게 된다. 가만히 생각해 보면 '어렵다'보다 '낯설다'라는 표현이 더 맞을지 모르겠다. 학부모로서 밟는 학교는 왠지 더 낯설게 느껴질 수 있다. 교직에 십여 년 근무한 교사인 필자도 학부모로서 자녀와 함께 방문한 학교는 참 생경했다.

3월 2일 입학식. 단정하게 차려 입고 아이의 손을 잡고 학교에 간다. 아직 초등학교가 어떤 곳인지 잘 모르는 아이는 선생님이 앞에 있는데도 뒤를 보며 엄마에게 손을 흔든다. 3월 한 달 동안에만 학부모총회, 학부모 수업공개, 학부모 상담 주간 등이 있어 학교를 방문할 일이 꽤 많다. 게다가 입학 후 3월 초 2주 정도는 하교하는 시각이 12시 30분쯤이다. 워킹맘의 경우 이럴 때 더욱 고민이 많아질 것이다. '아이는 누가 데리러 가지?', '방과 후 시간은 어떻게 하지?', '직장을 그만 두어야 하나?'

자녀의 초등학교 입학은 부모에게 부담인 것이 사실이다. 부모의 부담감은 어느 정도 아이에게도 전달된다.

아이가 제 속도에 맞게 초등학교에 다니게 되었다면 부모도 초등학교 학부모로서 준비되어야 한다. 시작은 낯설고 좀 어려울 수 있지만 학교생활을 돕는 다양한 제도들이 있고, 더 나은 방향으로 바뀌고 있다. 전에 비해 교과서도 조금 더 간결하고 이해하기 쉬워지고, 입학 초기의 학습 부담과 숙제도 줄어들고 있다. 방과후학교로 사교육비 부담도 덜 수 있고, 맞벌이 부부의 자녀를 아침 일찍부터 늦게까지 돌봐 주는 돌봄교실도 있다. 자녀가 다니게 될 학교생활에 대해 관심을 가지고 알아보면 지혜롭게 준비하고 대처할 수 있을 것이다.

학생들과 한 달 남짓 생활하다가 학부모총회나 상담 주간에 학부모를 만나면 부모님에게서 느껴지는 성품을 통해 어느 아이의 부모님인지 알 듯 할 때가 있다. 일기 속에 등장하는 아이와 부모님의 상호작용과 가정의 분위기를 알게 되면 교실 속 학생의 행동이 이해되기도 한다. 느긋한, 엄격한, 조급한, 허용적인, 꼼꼼한, 사랑 가득한……. 나는 어떤 학부모일까? 초등 학부모가 되기 위해서 이전과는 다른 준비가 필요하다.

 ## 1학년, 이것은 준비해야 한다

1학년에 입학하는 자녀를 둔 부모는 먼저 책가방을 비롯한 여러 가지 물건들을 사느라 바쁠 것이다. 자신의 어린 시절에 '무엇이 필요했었나?'를 떠올리거나 주변에서 들은 정보를 통해서 완벽하게 준비하고자 할 것이다. 결론부터 말하면 책가방과 실내화 외에는 천천히 준비하라는 이야기를 전하고 싶다.

앞에서도 언급했듯이 신입생 학부모 소집일에 가면 필요한 준비물들을 안내해 준다. 공책은 몇 칸, 혹은 어떤 종류로 몇 권을 사야 하는지, 필통은 어떤 재질을 추천하는지 등의 설명도 들을 수 있다.

일례로 필자 역시 큰아이가 초등학교에 입학하기 전에 초등학교 생활에 필요할 것 같은 물품들을 미리 잔뜩 사다 놓았는데, 필자가 근무하는 학교와 달리 아이가 배정받은 초등학교는 학교에 실내화를 두고 다녀서 실내화 주머니는 사지 않아도 되었다. 3월 중에 필요한 것은 대근육 발달을 위한 크레파스 오직 한 가지뿐이었다. 안내를 듣기 전에 미리 크레파스나 색연필을 큰 것으로 준비했던 학부모들은 크레파스는 24색, 색연필과 사인펜은 12색으로 보내 달라는 상세한 안내를 받은 후에 다시 사서 보내는 일도 생긴다.

물론 일반적으로 연필(저학년은 2B나 B, 고학년은 B나 HB를 준비) 다섯 자루 정도, 지우개, 필통(보통 천으로 된 것을 추천. 소리 나는 철제나 깨지는 플라스틱, 게임 기능이 있는 필통 등은 좋지 않다), 15센티미터 자, 딱풀, 가위, 크레파스, 색연필, 사인펜, 공책, 물티슈, 치약, 칫솔, 양치컵, 개인 물병 등은 거의 필요하다고 보면 된다. 그 외에도 L자 파일 혹은 투포 켓 파일(가정통신문을 담아 오는 연락 파일의 용도), 클리어 파일(작품이나 활동지를 모아 두는 용도), 네임펜, 작은 빗자루와 쓰레받기 세트, 비상 우산, 실내화 주머니, 숟가락과 젓가락, 연필 뚜껑(연필 캡), 연필깎이, 색종이 등도 많이 쓰인다. 이것들 중에 학교에 학습물품비 등의 예산이 있는 경우 구입해 그냥 나누어 주는 경우도 많으므로, 안내가 있을 때까지 기다렸다가 나중에 준비해도 늦지 않다. 물감, 파레트, 붓 등의 수채화 도구는 보통 2~3학년이 되어야 쓴다.

샤프나 칼은 늦게 사 줄수록 좋다. 글씨를 바르게 쓰기 위해서는 심에 힘을 제대로 받을 수 있는 연필을 써야 한다. 샤프심은 너무 가늘기 때문에 글씨를 작게 쓸 수 있는 고학년이 되었을 때 샤프를 쓰는 것이 좋다. 게다가 잘못 하다 찔리게 되면 매우 위험하다.

지금부터는 물품에 대한 준비보다 어쩌면 훨씬 더 중요한 준비 사항을 이야기하고자 한다. 바로 '습관'에 대한 것이다. 습관은 미리 반복해서 연습시켜 주어야 한다. 서울시교육청에서는 초등학교에 입학하는 학생들이 입학 전에 준비해야 할 내용을 안내했는데, 다음은 이를 바탕으로 정리한 것이다.

생활 습관

기상 시간 앞당기기

초등학교는 8시 30분까지는 등교를 해야 하기 때문에 그에 맞춰 기상 시간을 앞당겨야 한다. 초등학교에 다니게 된 아이들이 가장 크게 느끼는 변화는 등교 시각이 빨라지고, 딱 정해져 있다는 것이다. 늦게 가더라도 아이들을 일일이 맞아 주는 유치원과 달리 학교는 정해진 시정표에 따라 다 같이 움직이는 생활이다. 입학 한두 달 전부터라도 10분에서 20분씩 일찍 일어나게 해 시간을 조금씩 앞당기는 습관을 들이고, 잠자리에 드는 시간도 10시 이전이 되도록 연습한다.

학생들에게 일찍 잠드는 것이 중요하다고 강조하는 데에는 또 다른 이유가 있다. 아이들이 피곤하면 학교생활을 제대로 하기 힘들다. 어른도 몸이 피곤하면 짜증이 나는 것처럼, 아이들도 마찬가지다. 잠을 충분히 자지 못하고 학교에 온 학생은 친구들끼리도 더 쉽게 다투는 경향이 있다. 학교생활은 생각보다 매우 활동적이어서 집중이나 열의를 필요로 하는 것들이 많기 때문에 좋은 컨디션으로 임해야 즐겁고 행복한 학교생활이 될 수 있다.

화장실 혼자 갈 수 있게 하기

학교에 들어가면 화장실은 쉬는 시간 10분 안에 다녀와야 한다. 그렇다고 해서 매번 누가 같이 가 줄 수도 없다. 혼자 화장실을 가는 법부터 변기를 사용하는 방법, 스스로 뒤처리를 하고 옷매무새를 다듬는 것까지 아이가 충분히 연습해 보고 익숙해질 수 있도록 한다.

안전한 통학길 외우기

아이 혼자 등하교를 해야 하므로 통학길을 구체적으로 알려 주어야 한다. 저학년 학생들의 경우 교실, 보건실, 체육관, 급식실 등의 위치를 여러 번 가르쳐 주어도 찾아오지 못하고 헤매는 경우가 종종 있다. 아직 어리기 때문에 낯설고 긴장하면 전체적인 공간을 파악하거나 방향 찾는 일이 어려울 수 있다. 요즘은 가정에서 아이들을 집 밖으로 마음껏 다니게 하면서 키우지 않는 편이라 집에서 학교 가는 길이 더욱 낯설 수밖에 없다. 가장 안전한 코스 하나를 정해서 아이와 미리 몇 번씩 다니며 익숙하게 해 준다. 그래야 만약 엄마, 아빠가 갑작스럽게 마중을 나가도 길이 엇갈리지 않을 수 있다.

혼자서 옷 입고 벗기

유치원에서는 교사가 옷을 입고 벗는 것을 도와주지만 초등학교에서는 스스로 해야 한다. 처음에는 옷 입기가 서툴기 마련이므로 단추 채우기, 지퍼 올리기는 물론 뒤집어진 옷과 양말을 정리하면서 옷 다루는 법을 익히게 하고 외투도 직접 옷걸이에 걸 수 있도록 가르쳐 준다.

30분 정도의 시간 안에 식사하기

점심 시간은 한 시간이지만 휴식 시간을 겸하고 있는 만큼, 30분 안에 식사를 할 수 있게 연습시켜야 한다. 식사를 갑자기 급하게 하면 체할 수도 있으니 너무 빠르게 먹는 것은 금물이며, 집에서 미리 식사 시간을 조절할 수 있도록 연습한다.

또한 자녀에게 꼭 챙겨 주어야 할 것은 아침밥이다. 여러 이유가 있지만, 학교생활 중에는 다양한 활동들이 있고 에너지를 많이 필요로 하기 때문이기도 하다. 특히 저학년을 담임하면 종종 아이들이 2교시 정도만 되어도 선생님한테 와서 이렇게 말한다.

"선생님, 배고파요."

"아침에 우유밖에 못 마셨어요. 배고파서 아무것도 못 하겠어요."

엄마들은 '설마 우리 아이는 안 그러겠지'라고 생각하겠지만, 많은 학생들이 이런 말을 한다. 교사이자 부모된 마음으로 이는 정말 안타깝다. 어른들은 아침에 입맛이 없고, 아침 한 끼 정도는 커피만 마셔도 된다고 여길 수 있지만 아이들은 다르다. 어른보다 위장도 작아 전날 먹은 저녁밥은 진작 소화되었고, 활기차게 뛰어놀아야 하기 때문에 많은 에너지가 필요하다. 또 한참 자라는 성장기이기에 영양가 있는 아침밥은 필수다.

기초 체력 만들기

매일 아침 일찍 일어나 학교에 가는 것 자체가 스트레스를 받을 수 있는 피곤한 일이므로, 육체적으로 힘들지 않게 운동으로 기초 체력을 길러 주어야 한다.

학습 습관

한자리에 40분 이상 앉아 있기

초등학교 1교시의 수업 시간은 40분이다. 하지만 아이가 처음부터 이렇게 오랫동안 앉아 있기는 어렵다. 한자리에 앉아 있는 것이 익숙해지도록 처음엔 10분 정도로 시작해 앉아 있는 시간을 5분씩 늘려 가는 연습을 시킨다. 굳이 공부가 아니더라도 책을 읽거나 그림을 그리는 등 아이가 좋아하는 활동으로 인내심과 집중력을 기르는 것이 중요하다.

혼자서 소지품 챙기기

자기 물품을 자기가 챙기는 것은 당연하지만, 처음 학교에 들어간 아이들에게 이는 쉽지 않은 일이다. 먼저 엄마, 아빠가 다음 날의 준비물을 챙기면서 방법을 알려 주고, 그다음에는 혼자서 준비물을 챙긴 다음 검사를 받게 하는 식으로 꾸준히 연습시킨다.

정리 정돈하기

평소에 아이가 자기 방의 물건을 정리하는 습관을 갖게 해 준다. 또한 아이에게 학교에 가면 집에서 챙겨 간 준비물과 학용품을 잃어버리지 않도록 책상과 가방에 잘 정리해 두는 방법도 알려 준다. 가정통신문 응답지는 파일에서 꺼내 선생님께 제출해야 함을 알려 준다. 학교생활을 시작할 때 자기 물건을 빠뜨리지 않고 스스로 챙기도록 하기 위해서, 아이 방에 가방은 어디에 둘지, 주간학습안내나 시간표는 어디에 붙여 둘지 미리 정리해 둔다.

다른 사람 말 경청하기

자기가 하고 싶은 말만 하고 남의 말을 듣지 않으면 선생님과 친구들에게 좋지 않은 인상을 준다. 다른 사람이 하는 말을 끝까지 들고 대답은 '예', '아니오' 등으로 또렷하게 말하는 습관을 미리미리 길러 준다.

독서 습관 들이기

학습은 물론, 아이의 언어 능력을 위해 독서는 반드시 필요하다. 책 읽는 습관을 들이기 위해 아이가 흥미를 느끼는 분야의 책부터 먼저 접하게 해 책에 재미를 느끼게 해 준다.

여러 준비 사항에 대해 다루었는데, 이 중에서 특히 강조하고 싶은 것은 일찍 잠자리에 들기와 안전한 통학길 외우기, 그리고 독서 습관 들이기다. 앞의 두 가지는 건강과 안전을 위해, 그리고 독서 습관 들이기는 모든 학습의 기초가 된다는 점에서 강조하고 싶다. 지금까지는 책을 많이 접하지 않았어도 초등학교에 입학하는 시점부터라도 노력하면 책과 친해질 수 있다. 이를 위해 가장 추천하고 싶은 방법은 '책을 꾸준히, 많이 읽어 주라'는 것과 '도서관에 자주 데리고 가라'는 것이다. 이에 대해서는 5장의 04 '책 읽는 아이로 만들고 싶다면'에 자세히 소개되어 있다.

이외에도 필자의 경험상 초등학교에 입학하기 전에 익히도록 해 주면 도움이 되는 것들이 있다. 우유갑 혼자 열기, 비 오는 날 우산을 혼자 펴고 접기, 운동화의 끈이 풀어졌을 때 그것을 혼자 매기(저학년의 경우에는 끈 없는 운동화가 좋다), 여학생들은 집에서 묶고 온 머리가 활동 중에 풀어졌을 때 간단하게라도 그것을 혼자 정리해 묶기 등이다. 물론 교사가 도와줄 수 있지만, 교실은 집과 다르게 여러 명의 학생들이 있기 때문에 아이들의 필요에 일일이 다 응해 주지 못할 수도 있다. 따라서 이런 것들을 스스로 할 수 있게 연습시켜 두면 아이도 생활하기 훨씬 수월하다.

그리고 요즘은 많이 바뀌었지만, 아직도 화장실에 양변기가 아닌 수세식 변기가 놓인 곳이 있다. 요즘 아이들은 이런 변기를 사용해 보지 않았기 때문에 변기에 빠지거나 소변이 묻을까 봐 걱정이 되어서 학교에 있는 동안 아예 화장실에 가지 않고 참기도 한다. 학교의 화장실이 수세식 변기라면 미리 연습해 보도록 하는 것이 필요하다.

03 1학년 교과서에는 어떤 과목들이 있나?

2015 개정교육과정에 의해 2017년부터 적용받는 1학년 교과서는 《국어》, 《국어 활동》, 《수학》, 《수학 익힘》, 《봄》, 《여름》, 《가을》, 《겨울》, 《안전한 생활》 등이다.

《국어》

《국어》와 《국어 활동》으로 이루어져 있다. 한 학기에 가, 나로 나뉘어 2권씩, 1년에 총 4권이다.

《국어》

그림이나 경험에서 시작하여 간단한 읽기 본문, 배운 내용을 적용해 보는 활동으로 구성되어 있다.

1학기 목차

바른 자세로 읽고 쓰기 / 재미있게 ㄱㄴㄷ / 다 함께 아야어여 / 글자를 만들어요 / 다정하게 인사해요 / 받침이 있는 글자 / 생각을 나타내요 / 소리 내어 또박또박 읽어요 / 그림일기를 써요

2학기 목차

느낌을 나누어요 / 바르고 정확하게 / 알맞은 인사말 / 뜻을 살려 읽어요 / 인상 깊었던 일 / 이야기 꽃을 피워요 / 다정하게 지내요 / 생각하며 읽어요 / 상상의 날개를 펴고

《국어 활동》

《국어》의 기본 학습 내용을 연습하고 다지는 활동들이 담긴 책이다. 목차는 국어와 같고, 책 뒤편에 자형에 맞게 바른 글씨 쓰는 연습지가 있다. 교사에 따라 가정에서 연습하도록 하기도 한다.

《수학》

《수학》과 《수학 익힘》으로 이루어져 있다. 한 학기에 1권씩, 1년에 총 2권이다.

《수학》

등장인물을 설정하여 단원마다 이야기식으로 내용을 구성하였고, 이전 교과서에 비해 긴 글은 줄어들고 그림으로 내용을 표현하였다.

1학기 목차

9까지의 수 / 여러 가지 모양 / 덧셈과 뺄셈 / 비교하기 / 50까지의 수

2학기 목차

100까지의 수 / 여러 가지 모양 / 덧셈과 뺄셈⑴ / 시계 보기 / 덧셈과 뺄셈⑵ / 규칙 찾기

《수학 익힘》

기존의 《수학 익힘》과 내용과 구성 면에서는 비슷하지만, 어렵다는 의견을 받아들여 조금 쉬워졌다. 책 뒤에는 문제 확인을 위한 '정답과 풀이'가 있다.

《봄》, 《여름》, 《가을》, 《겨울》

예전의 《바른생활》, 《슬기로운생활》, 《즐거운생활》을 통합하여 시기별로 묶어 만든 교과서라고 생각하면 된다. 《봄》, 《여름》은 1학기, 《가을》, 《겨울》은 2학기에 배운다. 주제와 활동이 연계되어 있으며, 활동은 놀이, 노래, 그리기와 만들기 등으로 다양하다.

《봄》

우리들은 1학년, 운동장, 교실, 친구 등에 대한 소개와 계절 '봄'을 주제로 씨앗을 심고 가꾸며 생명의 소중함을 느껴 보는 내용으로 구성되어 있다.

목차
학교에 가면 / 도란도란 봄 동산

《여름》

가족사진을 통해 친척의 호칭을 배우고 가족들에게 감사와 사랑을 전하는 내용, 더위와 태풍 등 여름의 특징을 알고 여름을 건강하게 보내는 법에 대해 배운다.

목차
우리는 가족입니다 / 여름 나라

《가을》

놀이터, 버스, 식당 등 생활 속에서 만난 이웃들에 대해 알아보고, 옛날 이웃들의 모습을 통해 서로 돕고 정답게 지내도록 한다. 고유의 명절인 추석을 지내는 모습을 살펴보며 파란 하늘, 잠자리, 낙엽 등을 통해 가을의 계절적 특징을 알아본다.

《겨울》

우리나라의 놀이, 노래, 음식, 국기, 꽃 등 우리나라의 상징들에 대해 배우고 한 민족인 북한과 통일된 우리나라에 대해 다룬다. 추위, 눈, 얼음, 눈사람 등 겨울 날씨의 특징에 대해 알아본다.

《안전한 생활》

안전을 강조하며 2017년에 처음 도입된 교과서로, 1년에 1권이다. 학교와 가정에서 일어날 수 있는 사고를 예방하고 안전하게 대처할 수 있도록 알려 주면서 간단히 체험해 볼 수 있도록 구성되어 있다. 학용품과 도구를 안전하게 사용하는 법, 놀이터에서의 위험한 행동, 교통안전, 낯선 사람이 다가올 때, 길을 잃었을 때의 대처법 등을 다룬다.

학교, 학급마다 이것을 실제 적용하는 교사에 의해 순서와 공부하는 내용은 조금씩 차이가 날 수 있다. 보통 1학년 교과서는 3월 셋째 주 이후에 배우기 시작한다. 3월 둘째 주까지는 선생님, 친구들과 친해지고, 학교를 둘러보고, 시간에 맞춰 생활하는 연습들을 주로 한다. 종합장과 같은 줄 없는 공책에 선을 그어 보고, 이름이나 ㄱ, ㄴ, ㄷ과 같은 한글의 자음, 모음, 숫자 들을 크레파스로 적어 보는 등 부담이 크지 않는 활동을 한다. 예전에 자주 하던 받아쓰기도 1학년 전체, 적어도 1학기 동안은 하지 않는 학교들이 많다.

따라서 초등학교에 입학하기 전에 학습에 대한 과도한 부담은 갖지 않아도 된다. 아래의 활동을 할 수 있는 정도라면 초등학교에 입학할 수업 준비로는 충분하다고 볼 수 있다.

- 자기 이름 쓰기

- 간단한 동화책을 천천히 소리 내어 읽기

- 1~20까지 숫자 세기

- 세모, 네모, 동그라미 모양 알기

- 가위질과 풀칠

- 나, 가족의 모습을 그림으로 그리기

- 쉬운 동요를 듣고 따라 부르기

- 50미터 정도 빨리 달리기

아무리 좋은 교재, 좋은 선생님, 좋은 프로그램이 있어도 아이와 부모 사이에 깊은 애착 관계가 맺어져 있지 않다면 '밑 빠진 독에 물 붓기'나 다름없다. 부모의 다정한 스킨십은 아이의 두뇌 및 지능 발달에 크게 영향을 미친다.

부모 스스로 하루에 몇 번이나 아이와 심장을 맞대며 포옹하는지 질문해 보라. 아이와의 스킨십은 정서적 안정감과 지능 발달, 부모와의 끈끈한 애착 관계 유지 등 수많은 긍정적인 효과를 가져다준다. 다음의 두 가지를 반드시 기억하고 실천하길 권한다.

첫째, 하루에 3분 이상 스킨십하자. 학교에서 돌아온 아이를 꼭 안아 주거나, 손을 잡고 장을 보러 가는 것도 좋다. 아이와 어깨동무를 하며 이야기를 하고, 간단한 게임을 하며 자연스럽게 스킨십하는 것도 좋다. 스킨십을 통해 부모와 자녀가 교감하는 기회를 갖는 것이다. 그리고 자녀에게 이렇게 이야기해 보자.

"엄마, 아빠는 늘 민영이 편이야. 우리가 언제나 너를 응원하고 있단다."

"지혜야, 엄마, 아빠가 많이 사랑하는 거 알지?"

"승훈이가 건강하고 멋지게 자라서 엄마, 아빠는 무척 자랑스럽고 기뻐."

이와 같은 따뜻한 말로 아이들에게 마음을 전하면 아이와 부모 사이에 깊은 애착 관계가 형성된다. 자연스럽게 갈등은 줄어들고 대화가 늘어나면서 관계가 돈독해진다.

둘째, 하루에 다섯 번 이상 따뜻하게 아이의 이름을 부르라. 이름은 영혼을 깨우는 소리다. '자신의 이름'을 가장 편안한 목소리인 부모의 음성으로 들려주는 일은 매우 특별하다. 갓난아이 때 사랑을 가득 담아 부르던 그 이름을 문자메시지나 전화통화, 대화, 편지나 짧은 메모 등 다양한 방법과 형태로 불러 주면 아이는 자신이 사랑받고 있음을 느낀다.

자녀를 초등학교에 보낸 부모는 아이의 학교생활에 대해 궁금한 것들이 많다. 그렇다고 하여 막 학교에서 돌아온 아이에게 너무 많은 질문을 쏟아내거나, 아니면 아이가 잘 대답하지 않는다고 아예 묻지도 않는 것은 바람직하지 않은 대응이다. 아이들도 방과 후에는 숙제도 해야 하고, 놀기도 해야 하고, 자기 나름대로 하고 싶은 일들이 많다. 각 가정의 상황에 따라 편안하게 대화할 수 있는 시간을 꼭 마련해 아이와 학교생활에 대해 매일 이야기 나누기를 권한다.

필자의 가정은 그 시간이 잠자리에 누워 잠들 때까지다. 아이들이 깨끗이 씻고 잠자리에 들어 엄마 팔베개를 하고 누우면 마음이 편안해지는지 그날 학교에서 있었던 일들을 엄마가 묻지 않아도 곧잘 이야기한다. 마치 일기를 쓰는 것처럼 하루를 되돌아보며 즐거웠던 일, 아쉬웠던 일들을 이야기하기도 하고, 학급 친구들 이름을 하나씩 말해 보거나, 그날 새로 배운 것을 이야기해 주기도 한다.

학교에서 아이를 데려오는 길, 집에 와 간식을 먹을 때, 직장에 있다면 잘 다녀왔는지 전화통화를 할 때, 같이 저녁밥을 먹을 때 등 비교적 편안하게 아이의 이야기를 잘 듣고 반응해 줄 수 있는 시간을 택해 아이와 학교생활에 관한 이야기를 꼭 나누어야 한다. 부모가 아이의 학교생활에 대해 자주 대화하는 편인지 알아보는 간단한 척도가 있다. 그것은 바로, 아이의 친한 친구나 같은 반 친구의 이름을 다섯 명 이상 말할 수 있는지 생각해 보면 된다.

05 쿵짝쿵짝 네 박자 교육이 필요한 이유

아이들은 보통 하루 중에 4분의 1을 학교에서 보낸다. 교우 관계, 학습 태도, 학교생활 등 아이의 다양한 모습과 특성을 얼마나 이해하고 있는가? 아이의 학교생활에 대해 더 많은 정보를 얻고 싶다면 최소 한 학기에 한 번은 담임교사와 면담하기를 권한다. 상담할 때는 '가정생활과 학교생활의 비교', '학교생활에서 우리 아이에게 특별히 부족한 점', '선생님이 생각하는 우리 아이의 올바른 학습 방법', '부모로서의 역할', '그 밖에 선생님께 부탁하고 싶은 점' 등에 초점을 두면 효과적이다.

아이가 바르게 성장하기 위해서는 아이와 부모 그리고 교사가 협력하여 자녀가 올바른 방향으로 성장할 수 있도록 서로 원활하게 의사소통하는 것이 중요하다.

교육 현장에서 지켜볼 때 무엇보다 안타까운 것은 약간은 편협하게 자신의 아이를 바라보는 부모의 시선이다. '우리 아이는 못된 행동을 하지 않을 거야', '우리 아이는 늘 열심히 하는 바른 아이야' 혹은 '우리 아이는 언제나 산만해', '늘 말썽만 부리는 아이야'라는 식으로 단편적으로 생각하는 것은 무척 위험하다. 아이를 긍정적이고 발전적인 시각으로 바라보는 것도 좋지만, 문제와 현실을 있는 그대로 받아들이지 못하고 자신의 좁은 시각으로 자녀를 단정 짓는 부모들이 의외로 많다.

초등학교 고학년이 되면, 아이들도 자존심이 세져서 부모 또는 교사에게 자신이 보여 주고 싶은 부분만을 보여 주려고 한다. 만약 부모가 자신을 모범적인 아이라고 생각하고 기대한다면 실제로 자신이 그렇지 않더라도 부모 앞에서는 억지로 모범적인 모습을 연출하는 것이다. 특히 부모가 권위적이고 강압적인 경우, 아이는 학교와 가정에서의 모습이 완전히 다른 이중생활을 할 수도 있다. 교사와의 지속적인 상담과 소통이 중요한 것은 바로 이런 까닭에서다.

상담할 때 학부모가 진솔하게 마음을 털어놓으면 담임교사는 기꺼이 아이에 대한 진심 어린 조언을 해 줄 것이다. 교사는 항상 아이들에 대한 긍정적 변화의 가능성을 믿고 교육한다. 따라서 상담할 때 아이의 그릇된 행동의 심각성을 부각하기보다는 교사와 학부모가 협력해서 여러 가지 대안을 모색하고 논의하는 것이 중요하다.

간혹 담임교사와의 상담을 어렵고 부담스러워 하는 학부모도 있다. 그러나 교사가 원하는 것은 학부모로부터의 변함없는 지지(Partnership)다. 직접 방문하지 않더라도 평소에 짧은 메모나 알림장을 통해 교사와 소통하는 것이 바람직하다.

"선생님, 이번 주말에 온 가족이 함께 경주에 다녀왔는데 멋진 풍경이 있어서 사진에 담아 왔어요. 선생님도 기회가 되면 방문해 보세요."

"선생님, 우리 철이가 몸이 좋지 않아 숙제를 못 했네요. 죄송합니다."

이렇게 간단한 내용을 주고받으며 교사와 교감한다면 아이를 보다 좋은 방향으로 이끌어 나갈 수 있을 것이다. 또한 가능하면 학부모 공개수업, 체육대회, 발표회 등의 행사에 참석하여 아이의 학교생활을 공유할 수 있는 기회로 만드는 것이 좋다. 평소 다양한 통로를 통해 소통의 기회를 자주 가진다면 학생-부모-교사-학교 간의 네 박자 교육 관계를 유지할 수 있기 때문이다.

교사는 1년 동안 아이들과 교실에서 함께 생활하면서 아이들이 변화하고 성장하는 모습을 보고, 생활과 학습 전반에 대한 의견을 가지게 된다. 아이에 대해 이보다 중요하고 소중한 정보를 지닌 사람이 어디 있겠는가. 개인 사정상 면담이 힘들다면 전화 상담 또는 이메일 상담을 통해서라도 1년간 객관적인 입장에서 아이를 바라본 담임교사의 생각을 경청하는 과정이 반드시 필요하다. 이를 통해 아이에 대해 조금 더 알아가고 이해할 때 비로소 자녀 교육의 방향과 방법이 보일 것이다.

06 남다른 교육 전략이 필요한 워킹맘

아이가 학교에 들어가게 되면 워킹맘들은 자녀를 위해 '직장을 계속 다녀야 하나, 아니면 그만두어야 하나'를 두고 끊임없이 고민하게 된다. 아이의 공부와 생활 습관을 올바르게 지도하기 위해서는 일을 그만두고 아이 곁에 꼭 붙어 있어야 한다고 생각하기 때문이다. 많은 워킹맘들은 스스로 아이를 가까이서 돌보지 못하기 때문에 아이의 성적이나 성격, 생활 태도가 좋지 않을 것이라는 부정적인 견해를 가지곤 한다. 평소 잘 챙겨 주지 못하는 미안함 때문에 늘 전화로 아이에게 이것저것을 체크하고 지시하고, 퇴근 후에 집에 돌아오면 피곤에 지친 채로 아이와 함께 한두 시간을 보낸다. 그러나 중요한 것은 아이와 함께 보내는 '시간의 양'이 아니다. 얼마나 많은 시간을 아이와 보내느냐가 아니라, 비록 짧은 시간이라도 아이와 깊이 '교감'하는 것이 중요하다.

온종일 애타게 엄마를 기다렸던 아이에게 "숙제는?" "준비물은?" "학원 다녀왔어?"와 같은 질문을 쏟아 내기보다는 "우리 딸, 오늘 학교생활은 즐거웠어?" "음악 시간에는 어떤 노래를 배웠니?" "공부하느라 많이 힘들었지?" 등 마음을 만져 주고 위로할 수 있는 대화를 먼저 이끌어야 한다.

만약 일 때문에 귀기가 늦어졌거나 심신이 지친 상태라면 억지로 숨기거나 덮어 두는 것보다 아이와 함께 이야기하며 엄마의 상황을 어느 정도 공감시키는 것이 좋다.

"오늘은 엄마가 회사에서 곤란한 일이 있어서 많이 힘들었는데, 우리 혜민이를 보니 피로가 확 풀리는구나."

아무리 어린 초등학생이라도 이런 엄마의 말을 들으면 상황을 이해하고 공감하며 행동을 바꾼다. 부모가 아이를 늘 어린아이라고만 생각하면 아이는 성장할 기회를 놓치고 만다. 작은 일도 함께 나누면서 우리 가정에서 아이도 중요한 구성원임을 인정하는 것이 중요하다.

초등학교 1학년 학부모가 된 워킹맘에게 3월 한 달은 큰 부담이 된다. 학교마다 조금씩 차이는 있지만, 기본적으로 입학 이후부터 둘째 주까지는 보통 낮 12시 30분이나 1시 30분쯤에 하교한다. 하교 시간이 되면 교문 앞에는 보통 엄마나 할머니 등 가족 중 한 사람은 마중을 나온다. 앞에서도 언급했듯이 신입생 학부모 설명회, 총회, 공개수업, 학부모 상담 등 평일 낮에 학교를 방문해야 하는 날이 적어도 서너 번은 된다. 거기에 녹색어머니회 교통 봉사 등 아침 시간을 비워야 하는 날이 있을 수도 있다. 지극히 현실적인 이야기다.

아이를 양육하며 일을 병행하는 것은 자신의 선택이므로, 걱정보다는 현실적인 대책을 세우는 것이 훨씬 현명하다. 필자는 큰아이가 초등학교에 입학할 때는 휴직을 하였지만, 둘째 아이 때는 더 이상 휴직이 남아 있지 않았다. 양가 부모님이 모두 멀리 사셔서 손을 빌리기도 어려운 형편이었다. 직장에 다니면서 초등학교에 입학하는 아이를 어떻게 돌볼지 생각하지 않을 수 없었다.

많은 학교에서 돌봄교실을 운영한다. 자녀가 다니게 될 학교의 돌봄교실 운영 여부와 돌봄 시간, 학년 제한 등을 미리 꼭 살펴보아야 한다. 예를 들면 돌봄교실 이용을 원하는 수요가 너무 많을 경우 고학년들은 이용에 제한을 두기도 한다. 저학년 학생들을 우선 보육하거나 추첨을 하는 경우도 있다. 취학통지서를 내는 시기에 학교에 방문하면 이에 관한 안내를 받거나 궁금한 점을 질문할 수 있다. 아이들의 안전한 생활 관리를 위해 보통 오후 돌봄교실은 신청된 학생들만 이용하고, 오전 돌봄교실은 시간이 짧기 때문에 일찍 등교해야 하는 학생들은 누구나 돌봐준다.

워킹맘이라면 돌봄교실과 방과후학교를 적극 활용할 것을 추천한다. 방과후학교는 교문을 벗어나지 않고 학교 안에서 다양한 특기들을 익힐 수 있어서 좋다. 학기 초에 안내되는 방과후학교 시간표를 보고 과목과 시간을 잘 안배해 신청하면 된다. 그리고 방과후학교가 끝나면 돌봄교실에서 숙제를 하거나 간식을 먹으며 나머지 오후 시간을 비교적 안전하게 보낼 수 있다.

큰 틀에서의 보육이 해결된다고 다 끝나는 것은 아니다. 매일 적어 오는 알림장을 확인하고, 학교에서 요구하는 준비물들을 챙기는 일에 더 신경을 써야 한다. 혹시나 우리 엄마는 일하느라 바빠서 나를 못 챙긴다는 인식을 주면 안 된다. 유치원과 같이 학교도 매주 금요일에 실내화를 가지고 오고 주말 동안 빨아서 월요일에 다시 가지고 간다. 매 주말마다 빨 자신이 없으면 아예 몇 켤레 더 사다 놓고 깨끗한 것으로 보내자.

1학년 학기 초에는 학생들이 직접 알림장을 적기 어렵다는 것을 알기 때문에 주간학습안내와 같은 인쇄물로 보내 주거나 알림장 내용을 출력해 보내 주기도 한다. 내용 중 잘 이해되지 않는 것이나 그 외의 학교생활에 대해 궁금한 것들을 물어볼 수 있도록 같은 학교에 다니는 아이의 학부모 한둘 정도는 알아 두면 도움이 된다.

다음은 자녀와 함께 보내는 시간이 적은 워킹맘이 아이와 가까워질 수 있는 열 가지 방법이다. 이 방법을 통해 아이와의 친밀감과 깊은 애착 관계를 유지하고 늘 소통할 수 있도록 해 보자. 무엇보다 부모가 먼저 마음을 열고 아이에게 다가가려는 노력이 중요하다. 아이의 말에 관심을 가지고 경청하면 자녀와 튼튼한 대화의 통로, 소통의 통로가 열릴 것이다.

〈자녀와 친해지는 워킹맘의 열 가지 전략〉

1. 아이가 학교에서 돌아올 시간에 맞춰 격려의 문자 메시지 보내기
2. 냉장고나 식탁 위, 아이의 필통 등에 사랑이 담긴 작은 메모 남기기
3. 아이의 지갑이나 방 안, 거실에 가족사진을 많이 진열해 두기
4. 책을 같이 읽거나 텔레비전을 함께 보는 등 아이와 함께 대화할 수 있는 공통의 관심사 만들기
5. 주말을 이용해 함께 악기를 배우거나 운동을 하는 등 취미 공유하기
6. 특별한 날이 아니어도 깜짝 선물하기
7. 아이와 가장 친한 친구들을 집으로 초대하기
8. 엄마의 직장을 방문하기
9. 가끔은 장문의 편지로 마음 표현하기
10. 매일 안아 주고 진한 스킨십하기

07 아빠가 달라지면 아이는 반드시 변한다

아직도 자녀 교육은 전적으로 엄마의 몫이라고 생각하는 아빠가 있을까. 만약 그렇게 생각하는 아빠가 있다면 반성해야 한다. 아이가 건강하게 성장하기 위해서는 엄마, 아빠에게 똑같이 깊고 넓은 사랑을 받아야 한다.

아빠들이 자녀 교육에 있어 가장 흔히 범하는 오류는 '일이 바빠서 아이를 돌보지 못한다' 혹은 '함께할 시간이 없다'는 것들이다. 사실 가정의 경제를 책임지는 아빠들은 아이들과 함께할 시간이 절대적으로 부족하다. 그러나 짧은 시간이나마 아이들과 깊이 교감하는 것이 중요하다.

아빠들은 사소한 일이라도 아이와 함께하면 좋다. 아이와 함께 여행을 간다거나 특별한 이벤트를 함께할 시간이 없다면 어항 꾸미기, 화초 기르기, 물건 구입 등 일상에서 충분히 할 수 있는 작은 일을 통해 아이와 대화하고 소통해 보자. 교육과 학습은 아이의 마음이 열리는 바로 그 순간부터 시작된다.

아이와의 소통이 이루어진 뒤에는 아이가 원하는 것을 채워 주는 든든한 후원자가 되어야 한다. 이는 단순히 아이가 원하는 장난감을 사 주라는 의미가 아니다. 아이가 정말로 바라는 '아빠상'을 가진 멋진 아빠가 되라는 것이다. 아빠가 주고 싶은 사랑이 아닌, 아이가 원하는 사랑을 듬뿍 전하자.

얼마 전 교실에서 한 남자아이가 혼자 남아 소리 없이 울고 있는 것을 보았다. 무슨 일이 있는 것 같아 이야기를 들어 보았더니, 이 아이는 아빠가 매일 내주는 숙제 때문에 스트레스를 받고 있었다. 고학년이 되면서 숙제가 너무 많아져 하지 못했더니 아빠가 크게 화를 낸다는 것이다. 아이도 아빠가 내준 숙제의 중요성을 알고 있고 학습에 대한 의욕도 강했지만, 이미 이 아이에게 아빠는 든든한 지지자나 친구가 아닌, 감시자, 통제자로 인식되어 버렸다.

이처럼 옛 가부장적인 아빠의 모습을 가지고 현대를 살아가는 아빠들이 종종 눈에 띈다. 시대가 변하고 생각과 문화가 모두 바뀌었지만, 일부 아빠들의 사고방식은 변함이 없는 것처럼 보인다.

만약 자신이 강압과 강제로 가족들을 원하는 방향으로 끌고 가는 아빠였다면, 지금이라도 아이들에게 먼저 다가가 손잡아 주는 친구 같은 아빠가 되어야 한다. 때로는 아이와 많은 시간을 함께할 수 없었던 것에 대해, 더 많은 사랑을 표현하지 못한 것에 대해, 그동안의 지시적이고 강압적인 태도에 대해 용서를 구할 수도 있어야 한다.

아이는 부모의 행동을 따라 하는 경향이 있다. 이는 발달 과정에서 나타나는 아이들의 두드러진 특성이다. 아이들은 말과 행동, 심지어 부모 스스로도 의식하지 못했던 사소한 습관까지 닮곤 한다. 아이는 마치 부모의 거울과도 같다. 아이가 뜻밖의 거친 말이나 행동을 보여 부모를 당황시킬 때 "우리 아이가 왜 그럴까?"라는 물음을 던지기 전에, 부모 스스로 자신의 모습을 살펴보고 아이에게 좋지 않은 모습을 보여 주지는 않았는지 고민해야 한다.

특히 아이는 아빠를 통해 세상을 바라본다. 사회생활을 하는 아빠는 아이에게 세상을 향한 통로와도 같은 존재다. 따라서 항상 긍정적인 마음으로 세상을 바라보고, 하나하나 알아 갈 수 있도록 도와주는 것이 아빠의 역할이다. 특히 남자아이의 경우, 아빠의 모습을 보고 '남성상'을 정립하게 된다. 아빠의 언행, 대인관계 등을 관찰하고 자신도 그러한 모습을 닮아 가는 경향이 있다. 간혹 아빠의 폭력성이나 말투가 교실에서 그대로 드러나는 학생이 있다. 가정의 강압적인 분위기 때문에 자기표현이 어려운 경우, 아이는 집에서 쌓인 감정을 학교에서 분출한다. 그렇기에 아빠는 아이에게 더욱 모범이 되어야 한다.

평소에는 바쁘다면서도 정작 아이와 많은 시간을 함께 보낼 수 있는 주말이 되면 많은 아빠들이 피곤하다는 핑계를 대며 소파에 누워 텔레비전만 시청한다. 실제 아빠들의 이야기를 들어 보면 자녀들을 위해 무엇을 해야 할지, 어디에 가야 할지 모르겠다고 고백한다.

마음을 나누는 것을 중요하게 여기는 여자들의 심리와 달리 남자들은 업적 위주의 행동을 먼저 생각한다. 꼭 여행이나 놀이동산에 가지 않더라도 아이들은 일반적으로 부모와 함께 '놀이' 하며 함께 시간 보내기를 원한다. 신문에서 단어 빨리 찾기, 동전 축구, 홀짝 게임, 공기놀이, 구슬치기, 딱지치기, 실내 볼링 등 짧은 시간 안에 할 수 있는 간단한 놀이만 함께해도 아이는 큰 즐거움을 느낀다.

아이와 놀아 줄 방법을 찾기 위해 노력해 보자. 다른 아빠들이 아이들과 어떻게 놀아 주는지 귀 기울이고, 이슈가 되는 유머나 난센스 퀴즈, 유행어에도 관심을 가져 보자. 할리갈리나 젠가, 블루마블과 같은 간단한 보드게임 한두 가지를 준비해 저녁이나 주말에 같이 해 보는 것은 비교적 손쉽게 실천해 볼 수 있는 놀이다. 그리고 아빠의 직장생활 이야기를 들려줄 수도 있다.

그러나 늘 친구 같고 친근한 아빠의 모습을 유지하다가도 아이가 도덕적으로 분명한 잘못을 했을 때는 엄격한 아빠가 되어야 한다는 사실을 잊지 말아야 한다. 잘못한 일에 대해 따끔하게 일침을 놓고, 무엇을 잘못해서 아빠가 꾸중을 하는지 명확하게 알려 주어야 한다. 아빠들 중에는 특히 '사랑의 매'를 사용하는 경우가 있지만, 물리적인 체벌은 피하는 것이 좋다. 몸의 상처보다도 마음의 상처가 깊이 새겨지기 때문이다. 오히려 스스로 잘못을 뉘우치도록 반성문을 쓰게 하고 다음부터 행동에 주의할 것을 당부하는 편이 낫다.

준영이의 반성문

날짜	2017년 2월 1일
오늘 있었던 일	친구가 학교를 마치고 PC방에 같이 가자고 했다. 처음에는 학원에 가야 된다고 거절했는데 친구가 조금만 하다가 가자고 계속 졸라서 PC방에서 게임을 하게 되었다. 하다 보니 학원 시간을 놓쳤고 학원 마칠 때까지 게임을 했다. 그리고 부모님께는 학원 수업을 마치고 집에 왔다고 거짓말했다.
내가 잘못한 일	게임 때문에 학원 빠진 것, 부모님께 거짓말한 것.
내가 그렇게 행동했던 이유	친구가 계속 졸라서 마음이 흔들렸고, 게임이 재미있어서 시간 가는 줄 몰랐다. 그리고 게임하다가 학원을 못 갔다고 하면 부모님께 많이 혼날까봐 무서웠다.

학부모총회나 상담 시에 아빠가 참석하는 비율이 점점 늘고 있다. 자녀 둘 이상이 한 학교에 재학하면 학부모총회나 공개수업 하는 날짜와 시간이 같다. 이럴 때는 가능하면 아빠도 휴가를 내고 나누어 가면 좋다. 아이에게 아빠의 사랑과 자녀의 학교생활에 대한 관심을 보여 줄 수 있는 절호의 기회다. 요즘은 자녀가 한 명인 가정에서 엄마와 아빠가 모두 참석하는 경우도 점점 많아지고 있다. 연차나 반차 등 사정이 허락되면 바람직한 일이라고 생각된다.

08 특별한 가정일 경우, 어떻게 하면 좋을까?

사회가 다양화되면서 가정의 형태도 많이 다양해졌다. 한부모가정이나 다문화 가정, 조손 가정 등이 그것이다. 이들은 초등학교에 입학하며 갖게 되는 두려움에 더해 가정의 형태나 평범하지 않은 상황으로 인해 혹시나 아이가 상처를 받게 되지는 않을까 더 걱정하게 된다.

어느 가정이나 저마다의 독특한 상황은 있기 마련이다. 그것은 잘못이라기보다 그저 다를 뿐이고 사회는 다양한 사람들로 구성되어 이루어지는 것이므로, 가정 상황에 위축될 필요는 없다. 따라서 담임교사에게 먼저 이야기할 것인지는 어디까지나 선택의 문제다. 다만 다음의 상황을 인지하고, 아이의 성향 등을 고려해 결정하는 것이 좋겠다.

초등학교 저학년 교과서는 자신과 가족의 경험에 관한 이야기에서부터 시야를 확장해 나가도록 되어 있다. 아이들의 세계가 아직 그렇기 때문이다. 일례로 1학년 1학기 5월쯤에 배우는《여름》교과서에는 가족사진 발표회를 하는 활동이 있다. 각자의 가족사진을 가지고 와 소개하고, 친척을 부르는 말을 알아보며, 가족, 친척들과 함께한 경험을 그려 보도록 한다. 이 단원은 우리가 흔히 '일반적'이라고 부르는 가족의 형태가 아닐 경우 다소 불편한 단원일 수 있다. 지칭되는 가족 중 일부가 없거나 재혼 등으로 인해 가족 관계가 복잡할 경우 아이가 혼란을 느낄 수 있다.

부모가 자녀를 보았을 때 이런 '다름'을 잘 이해하고 있고, 친구들과 활동하거나 발표할 때 자연스럽게 이야기할 수 있다고 생각되면 굳이 담임교사에게 전하지 않아도 된다. 대신 학교에서 이런 활동이 있다는 것을 아이에게 먼저 말해 주고, 그때 어떻게 소개할 것인지 정도는 어른이 지도해 주면 좋다.

아이가 그런 상황을 감당하기 어려울 것 같다면 담임교사에게 미리 알리는 것도 괜찮다. 제시된 교과서나 교육과정은 교실 상황에 따라 얼마든지 재구성될 수 있다. 한두 명의 학생을 위해 학급의 학생 모두가 그 시기에 배워야 할 가족, 친척을 부르는 말을 학습하지 않고 지나가기는 어렵지만, 가정의 형태로 인해 마음이 불편한 학생들이 있다면 각자의 가족사진이 아니라 잡지, 신문 등에서 얼굴을 오려 붙여 구성한 가족의 모습으로 배울 수도 있는 것이다.

실제로 2학년을 담임할 때, 다문화 가정의 부모님이 먼저 이야기해 주셔서 수업을 준비할 때 도움이 되었던 경험이 있다. 아버지는 한국인이고 어머니는 중국인인 가정이었는데, 중국인 중에서도 한(漢)족이어서 외모상으로는 뚜렷이 구분되지 않았다. 아버지는 사업차 중국에 자주 나가서 어머니가 주로 혼자 아이를 돌보았는데, 어머니가 중국말을 쓰니 아이의 우리말 발달이 더뎌서 1학년 때 친구들에게 놀림을 받은 모양이었다. 이런 이야기를 듣고 아이에게 좀 더 관심을 가지고 관찰하니, 친구들의 반응 때문에 아이의 자존감도 많이 낮아지고, 어머니가 중국인인 것을 약간 부끄럽게 여기며 위축되어 있었다.

때마침 통합 교과서에 우리나라에 대해 배우며, 우리나라와 이웃하는 나라들에 대해 배울 차례였다. 기본적인 소개는 교과서의 내용을 충실히 담되, 각 나라마다 독특한 문화와 가치를 가지며, 시대의 변화로 서로 영향을 주고 받는 일이 많아졌다는 이야기를 덧붙였다. 그리고 이 나라들에 대한 이해를 폭넓게 할 수 있는 것은 앞으로의 사회를 살아가는 데에 좋은 재능이라고 이야기했다.

주어진 교과서 내용을 조금 더 확장했을 뿐인데 이런 설명이 아이

본인에게 아주 응원이 되었던 모양인지 표정이 많이 밝아졌다. 수업을 같이 들은 반 친구들이 자신을 대하는 태도가 조금씩 달라졌다고 느껴서인지 서서히 자신감도 회복했다. 학년을 마칠 즈음, 어머니에게서 감사 인사를 받으면서 크게 보람을 느꼈다.

이렇게 선생님이 알고 있으면 대처하고 배려할 수 있는 경우가 많다. 무조건 걱정만 하기보다 아이가 겪을 교실 상황을 생각하며 대처하는 것이 필요하다.

필자의 자녀가 막 초등학교에 입학하기 직전의 일이다. 유치원 7세 반에서 학교생활을 미리 연습한다고 알림장을 적게 하였다. 한글이 조금 서툰 아이들도 선생님이 칠판에 쓴 글씨들을 제한된 시간에 '그려' 보고, 집에 가서 부모님 확인을 받아 오도록 하는 것이다.

교실에서 학부모에게 전할 사항을 적어 보내기만 하다가, 내 아이의 알림장을 받아 보면서 '매일매일 연락 사항을 확인하고 잘 준비했는지 확인하는 것이 그리 간단한 일은 아니구나' 하는 생각이 들었다.

교실과 가정을 연결하는 알림장은 매우 중요한 역할을 한다. 교육 활동은 교사와 학생만이 아닌 가정과의 연계가 필요하기 때문이다. 아이가 저학년일수록 더욱 그렇다. 알림장은 단순히 과제와 준비물을 알리는 것뿐 아니라 그 내용들을 통해 요즘 학교에서는 어떤 공부를 하는지, 교사가 가정에서도 학교 공부와 연계해 지도해 주길 부탁하는 것들은 무엇인지 등을 알 수 있다.

아이가 알림장을 자주 적어 오지 않는 가장 큰 이유는 알림장을 적어 가도 부모가 제대로 확인해 주지 않았을 가능성이 크다. 그래서 불필요하다고 생각하기 때문에 아이는 굳이 힘들여 내용을 베껴 쓰지 않는 것이다. 아이가 학교에 적응하는 연습이 필요하듯이 부모도 학교에 적응해야 한다. 초등학교 학부모로서 자녀가 매일 적어 오는 알림장 내용을 꼼꼼하게 확인해 주는 일은 중요하다. 글씨가 바르지 않아 내용을 알아보기 어려우면 준비를 제대로 할 수 없다는 것도 몇 번의 시행착오를 통해 아이가 느끼고 고칠 수 있다.

알림장을 계속 써 오지 않을 경우 아이의 시력이 나쁜지 확인해 볼 필요도 있다. 칠판 글씨가 안 보여 옮겨 적지 못할 수도 있기 때문이다.

선생님에게 알릴 필요가 있는 아이의 상태를 가정에서 알림장에 적어 보낼 수도 있다. 이럴 때는 자녀도 잊지 않도록 색이나 붙임딱지 등으로 표시하고, 아이에게 선생님께 보여 드리라고 이야기해 주면 된다. 경험상 아이들은 가끔 있는 이런 경우를 좋아한다. 이런 경우 메시지 내용과는 상관 없이 아이들은 자신을 위해 부모님과 선생님이 서로 연결되어 있다고 느낀다.

덧붙여 이야기하면, 요즘은 많은 교사들이 학급 밴드, 카페, 클래스팅 등의 SNS를 통해 알림 내용을 전하고 있다. 이런 학급에서는 사실 아이가 알림장을 쓰지 않아도 부모들은 그 내용을 알 수 있게 된다. 이런 SNS들은 알림 내용을 축약해 적어 보내야 하는 알림장의 한계를 보완하기 위해 좀 더 자세한 설명이나 사진 자료 등을 공유할 수 있도록 운영하는 것이다. 이것들은 어디까지나 어른들을 위한 공간으로 두고, 학생들은 공책에 알림장을 적고 그것을 보며 과제나 준비물들을 스스로 챙기도록 하는 것이 바람직하다.

집에서는 보지 못했던 '진짜 내 아이'

Chapter 2

01 선생님에겐 보이고 부모님에겐 안 보이는 것들

아이의 입장에서도 초등학교는 낯선 곳이다. 유치원에 적응하고 정이 들었는데, 어느새 졸업을 하고 초등학교에 가게 되었다. 엄마가 이것저것 새 학용품들을 사 주시는 것은 좋은데, 한글과 셈하기를 자꾸 해 보라는 것은 어려워서 싫다. 요즘은 자꾸 다른 나라 말까지 배워야 한다며 재촉한다. 멍하니 겨우 학습 시간을 보내긴 하지만 해야 하는 공부가 많아 피곤하고 괜히 짜증이 난다. 그러다 혼나면 아이의 기분도 별로다.

교사에겐 보이고 부모에겐 안 보일 수 있는 것 중 가장 먼저 이야기하고 싶은 것은 자녀가 어떤 '마음가짐'을 가지는지 살펴봐야 한다는 것이다. 부모는 '해야 한다'는 의무감 내지는 조급함에 눌려서 미처 이 부분을 놓치기 쉽다. 자녀가 초등학교에 가야 한다는 사실만 보고 준비하느라 아이가 학교 갈 날을 기대하며 즐거워하고 있는지, 이것저것 걱정하며 가기 싫어하는 것은 아닌지 알지 못한다. 엄마는 수학이며 피아노며 과외 활동의 시간표를 짜느라 정작 아이가 이것을 왜 배운다고 생각하는지, 하고 싶어 하는지는 잘 돌아보지 못한다. 교사로서 여러 아이들을 오랜 기간 보다 보니, 부모가 아이의 마음가짐을 살피며 보살핌 받는 학생들은 비록 좀 천천히 가는 것 같더라도 나중에 더 좋은 결과를 얻는 경우를 많이 보았다.

또한 아이가 경험하는 일들을 '아이의 시각'에서 보는 것을 잊지 말기를 권한다. 어른들이 보기에는 가볍게 보이는 일도 아이들 세계에서는 매우 큰일이다. 초등학생 시기에는 또래가 중요하다. 자녀의 친한 친구들 서너 명쯤은 알고 있어야 대화가 된다. 이때 자녀의 시간표를 알아두면 좋다. 아이는 시계의 시각보다 1교시, 2교시 때 무엇을 했는지 이야기할 것이기 때문이다.

아이들의 입장에서 학교생활은 정말 다양한 활동을 하게 되는 시간이다. 그 이후에도 매일 방과 후 수업을 한두 개씩 더 하고, 학원에 학습지까지 하는 것은 아이들의 체력이나 주의 집중력을 배려하지 못하고 어른 위주의 시각에서 판단하는 것이다.

마지막으로 아이들도 '고민'이 있다는 것을 이해해 주어야 한다. 학기 초가 지나고 아이들 사이에 어느 정도 관계 형성이 되면 쉬는 시간이나 점심 시간에 별의별 이야기를 다한다. '어제 무엇을 했는지'와 같은 가벼운 이야기로 시작하여 '자기가 누구를 좋아한다', '친구 누가 잘 안 놀아 준다', '부모님이 바빠서 하고 싶은 일을 못했다', '부모님이 다투셨다' 등 심각한 내용들도 있다. 어린아이의 생각이라 가볍게 여기지 말고 요즘 관심 갖는 일은 무엇인지, 생활은 어떤지 대화하는 시간이 필요하다.

02 우리 아이의 진짜 마음 알기

많은 부모들이 자신은 자녀에 대해 잘 알고 있다고 생각한다. 그러나 우리 아이가 학교에서 어떻게 생활하는지, 학습에 임하는 태도는 어떤지, 친구들 사이에서는 어떤 아이인지 등 다양한 모습을 완벽하게 이해하고 알기란 쉽지 않은 일이다. 따라서 내 아이에 대한 보다 정확하고 세밀한 정보를 활용한다면 자녀를 이해하는 데 도움이 될 것이다. 아이의 다양한 모습을 파악하는 데 도움이 되는 대표적인 테스트는 다음과 같다.

먼저 MBTI, 애니어그램 등 다양한 성격유형검사가 있다. 아이의 기본적인 성향을 알아보는 테스트다. 아이의 학습 태도와 문제점을 진단하고 올바른 학습 방향을 제시하는 학습심리검사도 있다. 진로탐색검사는 자녀가 어떤 분야에 관심이 있고, 자녀의 성향에 적합한 직업군이 무엇인지를 알아보는 검사다.

그러나 검사는 그저 하나의 참고사항으로 삼는 데에 그쳐야지, 검사 결과를 절대적인 기준으로 삼아 '우리 아이는 이런 아이야'라고 성급하게 단정지어서는 안 된다. 검사 결과나 상담은 여러 아이들의 성향에서 공통된 특성을 찾아 가장 근접한 유형으로 결론을 내린 것이므로 지나치게 의존하거나 맹신하는 것은 위험하다. 또한 아직 성장기에 있는 아이들은 성격 형성이 완성되지 않았으며, 성격과 기질이 변함에 따라 적절한 학습 전략도 바뀌게 된다. 검사 후 가장 바람직한 접근 방법은 다음과 같다.

"우리 수지는 많은 사람 앞에서도 주눅 들지 않고 당당하다는 특징이 있다고 하는데 어떻게 생각해? 비슷한 것 같아?"

"민재에게 이런 면이 있었구나!"

이처럼 검사의 결과보다는 그것을 통해 자녀와 깊이 있는 대화를 나누는 것이 더욱 중요하다. 보다 큰 효과를 얻는 방법은 부모의 성격유형검사를 병행하는 것이다. 부모의 양육 태도에 따라 아이들은 학습 능률이 오르기도 하고 스트레스를 받기도 한다. 예를 들어 부모는 하나하나 세세하게 챙기는 스타일인데 반해 아이는 전체적인 면을 보고 움직이는 성격이라면 부모와 아이는 많이 부딪칠 수밖에 없다. 따라서 부모와 자녀의 성격 유형을 함께 파악한다면 상대의 행동을 조금 더 이해할 수 있어 갈등이 줄어든다. 이러한 검사를 통해 부모는 아이를, 아이는 부모를 알게 되어 서로를 인정하는 태도로 바뀔 수 있을 것이다.

특별한 검사 도구 없이 아이가 요즘 어떤 생각을 하는지 이해하는 방법 중 하나는 아이에게 '우리 가족'이라는 주제로 그림을 그려 보게 하는 것이다. 아빠, 엄마, 아이를 그리도록 한 뒤에 왜 그렇게 그렸는지 질문하고 설명을 들어 보라. 그러면 아이가 가족에 대해 어떤 느낌과 생각을 가지고 있는지 이해할 수 있게 된다. '학교생활'이라는 주제로 그림을 그려 보게 하면 친한 친구나 괴롭히는 친구, 흥미를 가지고 있는 과목 등 전반적인 학교생활의 모습을 대략적으로 파악할 수 있다.

간단한 문장 완성 검사를 이용하여 아이의 가치관을 이해할 수도 있다. 주어진 단어에 이어질 내용을 아이가 자유롭게 적어 문장을 완성하는 것이다. 가급적 솔직한 마음을 그대로 작성하도록 유도하고, 하나도 빠뜨리지 않고 모두 쓰도록 한다. 아이에 대해 알고자 하는 특정한 상황이 있다면 문장 검사에 그러한 부분을 추가하면 아이의 내면에 품고 있던 생각을 끄집어낼 수 있다.

여기서 가장 중요한 것은, 아이가 솔직하게 작성한 문장에 대해 언짢은 표현을 해서는 절대 안 된다는 점이다. 어린 시절 자신의 의사 표현에 대해 좋지 않은 피드백을 받은 아이는 성장할수록 사람들 앞에서 자신의 내면을 털어놓지 못하게 된다. 검사를 통해 자녀가 잘못된 인식을 지니고 있다는 사실을 알게 되어도 부모는 일단 모든 것을 받아들인 뒤에 다정한 말로 아이를 지도하고 지지하는 것이 필요하다.

1. 내가 가장 행복한 때는 ___________________________________

2, 내가 좀 더 어렸더라면 ___________________________________

3. 나는 친구가 ___________________________________

4. 다른 사람들은 나를 ___________________________________

5. 우리 엄마는 ___________________________________

6. 나는 ___________________________________

7. 나에게 가장 좋았던 일은 ___________________________________

8. 내가 가장 걱정하는 것은 ___________________________________

9. 대부분의 아이들은 ___________________________________

10. 내가 좀 더 나이가 많다면 ___________________________________

11. 내가 가장 좋아하는 사람은 ___________________________________

12. 내가 가장 싫어하는 사람은 ___________________________________

13. 우리 아빠는 ___________________________________

14. 내가 가장 무서워하는 것은 ___________________________________

15. 내가 가장 좋아하는 놀이는 ___________________________________

16. 내가 가지고 있는 것 중에서 가장 아끼는 것은 ___________________________________

17. 내가 가장 가지고 싶은 것은 ___________________________________

18. 여자애들은 ___________________________________

19. 나의 좋은 점은 _______________________________________

20. 나는 때때로 _______________________________________

21. 내가 꾼 꿈 중에서 가장 좋은 꿈은 _______________________

22. 나의 나쁜 점은 _______________________________________

23. 나를 가장 슬프게 하는 것은 _______________________________

24. 남자애들은 _______________________________________

25. 선생님들은 _______________________________________

26. 나를 가장 화나게 하는 것은 _______________________________

27. 나는 공부를 _______________________________________

28. 내가 꾼 꿈 중에서 가장 무서운 꿈은 _____________________

29. 우리 엄마 아빠는 _______________________________________

30. 나는 커서 _______________ 왜냐하면 _______________

31. 나의 소원이 마음대로 이루어진다면 _______________________

   첫 번째 소원은 _______________________________________

   두 번째 소원은 _______________________________________

   세 번째 소원은 _______________________________________

32. 내가 만일 외딴곳에 혼자 살게 된다면 _______________ 와 같이

   살고 싶다.

33. 내가 만일 동물로 변할 수 있다면 _________ 이(가) 되고 싶다.

   왜냐하면 _______________________________________

03 자녀의 스트레스 관리하기

어리다고 스트레스가 없을 리 없다. 아이들 역시 어른과 마찬가지로 관계에서 빚어지는 갈등과 학업 및 진로 문제, 부모와 교사의 큰 기대감에서 오는 부담감 등 다양한 스트레스에 시달린다. 스트레스는 만병의 근원이라고 할 만큼 해로운 것이다. 아이의 신체 건강뿐 아니라 정신 건강에까지 좋지 않은 영향을 미치므로 부모는 자녀의 스트레스에 관심을 가져야 한다.

어른들은 힘든 일이 있을 때 맛있는 것을 먹는다거나 취미 생활을 하는 등 자기 나름대로의 노하우로 스트레스를 해소하곤 한다. 잠시나마 일상에서 벗어나 자유롭고 싶고, 묵은 스트레스를 날려 버리고 싶어 하는 것은 아이들도 마찬가지다. 단지 어른의 시각으로 '애들이 무슨 걱정이 있어, 그때가 가장 행복한 줄 알아야지'라며 무시하고 넘겨짚는 경우가 많다. 그러나 아이의 스트레스를 제때 해소해 주지 않으면 쌓인 스트레스가 언젠가 분노의 형태 혹은 이상 증세로 나타나 거친 일탈 행위나 심각한 무기력감으로 이어질 수 있다.

자녀의 스트레스를 해소하는 가장 좋은 방법은 취미를 만들어 주는 것이다. 사람은 몰입을 통해 사소한 걱정이나 근심, 스트레스에서 벗어날 수 있다. 아이에게 유익한 취미를 갖게 하고 시간을 내어 취미 생활을 누릴 수 있도록 지원하면 좋은 결과를 얻을 수 있다.

자녀의 취미는 다양한 분야에서 찾을 수 있는데, 그중 운동은 스트레스 해소에 많은 도움이 된다. 사람은 땀을 흘리며 신나게 운동을 하고 나면 머릿속이 맑아지고 상쾌해진다. 운동을 통해 스트레스 해소는 물론 사회성 발달, 자신감 회복, 집중력 배양 등 다양한 긍정적 효과를 기대할 수 있다. 초등학생들이 주로 하는 운동은 축구, 태권도, 검도, 배드민턴, 수영, 탁구, 농구 등이 있다. 주변을 둘러보면 어린이 스포츠클럽이나 지역 문화센터에 이미 많은 프로그램이 개설되어 있으므로 적극 활용해 보자. 일주일에 한두 번 정도 아이가 자신의 에너지를 마음껏, 신나게 발휘할 수 있는 터전을 제공해 주는 것은 매우 중요하다. 더구나 자녀에게도 자신이 즐거워하며, 어느 정도의 실력을 갖춘 운동이 있다는 점은 훗날 경쟁력이 될 것이다.

음악과 미술 활동은 정서적 안정감을 도모하는 취미다. 불안하거나 긴장된 마음을 가라앉히고 편안함을 주는 데 도움이 된다. 노래를 부르고, 악기를 연주하고, 작품을 만들고, 그림을 그리는 일련의 활동을 하면서 아이는 온갖 걱정과 고민을 내려놓고 오직 자신의 일에만 몰입하게 된다. 몰입의 즐거움을 통해 머릿속에 맴도는 여러 가지 상념들을 날려 버릴 수 있고, 자연스럽게 스트레스도 해소된다.

예체능 활동 외에도 다양한 방법으로 자녀의 스트레스를 관리할 수 있다. 무엇보다 중요한 것은 아이의 스트레스를 해소하기 위한 방식을 부모가 마음대로 결정하고 강요해서는 안 된다는 것이다. 아이와 충분히 상의해서 스스로 원하는 결정을 하도록 돕고, 신나게 즐길 수 있도록 격려해야 한다.

간혹 자녀의 스트레스 해소 차원에서 컴퓨터게임, 비디오게임, 영화나 텔레비전 시청을 허락하는 가정도 있다. 시각적으로 빠르게 변화하는 영상물은 아이들의 뇌를 지나치게 자극해 편안한 휴식을 방해한다. 따라서 되도록 게임을 접하지 않도록 하는 것이 바람직하며, 이미 접했다면 관심을 다른 곳으로 돌려 게임에 더 깊이 빠지지 않도록 유도하자. 일주일에 몇 시간만, 특정한 요일과 시각을 구체적으로 정한 뒤 해당 시간에만 게임을 하도록 약속하는 것도 좋은 방법이다.

규칙적인 생활을 하도록 지도하는 것도 필요하다. 불규칙적인 생활을 하는 아이는 잦은 짜증, 의욕 저하, 감정 통제 불능 등의 심리적 문제를 겪을 수 있다. 최소한 기상 시각과 취침 시각은 평일, 주말에 관계없이 일정하게 유지하고, 밤늦게까지 게임이나 텔레비전을 시청하는 것은 엄하게 단속하는 것이 좋다.

더불어 아이가 잘못된 방식으로 스트레스를 표출한다면, 반드시 그에 대해 차분히 이야기를 나누어야 한다. 취미 활동으로 관심을 돌리는 것도 좋지만 근본적인 원인을 파악해야 문제를 해결할 수 있다. 아이의 이상 행동은 아무 이유 없이 나타나는 것이 아니다. 분명 어딘가에 원인이 존재한다. 왜 그러한 행동을 하게 되었는지, 요즘 힘들거나 어려운 문제가 있는지 편안한 분위기에서 차근차근 대화를 통해 접근하자.

자녀가 스트레스로 인해 종종 화를 내거나 짜증을 부리면 아이도 힘들지만 부모도 상처를 받고 우울해진다. 따라서 아이나 부모의 스트레스로 인해 갈등이 생기지 않도록 스트레스 관리를 위해 노력해야 한다. 가정의 분위기를 결정하는 데는 부모의 영향이 가장 크다는 것을 기억하고, 밝고 즐거운 가정을 위해 부모의 감정도 지속적으로 관리해야 한다.

04 부모와 아이가 함께 행복한 전략, 내려놓기

누구나 부모와 자녀가 함께 행복하게 어울리는 가정을 꿈꾼다. 그러나 생각보다 많은 부모가 자녀와의 갈등으로 고민하며 살아가고 있다. 특히 자녀의 성적은 부모의 가장 큰 관심이자 갈등의 원인 중에 꽤 많은 부분을 차지한다. 그래서 좋은 학습지, 유명한 학원, 실력 있는 과외 교사를 찾아 전전긍긍하게 된다. 하지만 부모가 자녀의 사회적 성공을 위해 불철주야 노력하는 과정은 매우 많은 희생과 노력을 요구하고, 아이도 심리적 부담감과 학업 스트레스로 지나치게 고통 받는 것이 현실이다. 행복하게 살아가고자 노력하지만, 현재의 행복은 결국 무시해 버리는 아이러니한 결과가 아닐 수 없다. 과정과 결과를 통해 모두가 행복해지는 것, 그것이 우리의 목적이 되어야 한다.

강조하고 싶은 것은 부모가 자녀를 바라보는 인식의 변화가 필요하다는 것이다. 스스로에게 질문해 보자. 자녀가 방과 후에 해야 할 과제, 가야 할 학원 등을 체크하며 아이의 스케줄을 관리하는 데에만 집중하고 있지는 않는가? 아이가 하고 싶은 일이 아닌 부모가 하고 싶은 일을 우선시하지는 않는가? 아이의 시간과 삶이 부모의 욕심으로 가득 차 있지는 않는가? 부모로서 아이에게 줄 수 있는 것을 아낌없이 주지만, 그 때문에 아이가 힘들어하고 우울해하지는 않는가?

부모의 욕심은 모두 다 내려놓고, 아이 삶의 주인공은 당연히 아이가 되도록 해야 한다. 부모는 언제나 조연이라는 사실을 명심하고, 결정해야 할 사항이 있다면 충분히 상의하되 최종 선택은 아이에게 맡기고 그 결정을 존중하자. 그리고 이렇게 이야기해 주자.

"엄마, 아빠는 우리 지혜를 아주 많이 사랑하고 믿는단다."

자녀와 부딪치는 문제가 많다면 진솔한 대화를 통해 규칙을 결정하는 것이 좋다. 규칙은 아이 스스로의 다짐이니 부모가 강요해서는 안 된다. 아이와의 약속을 정하고 합의한 규칙을 가족 모두가 잘 따를 수 있도록 도와주면 자녀와의 갈등은 의외로 쉽게 해결될 수 있다.

물론 부모의 자녀 양육 태도와 시각이 하루아침에 바뀌는 것은 불가능하다. 그래서 부모가 되는 일에도 노력이 필요한 것이다. 무엇보다 잔소리, 화, 명령 등은 최대한 자제해야 한다. 대신 책이나 특강, 주위 다른 부모와의 대화 등을 통해 좋은 부모가 되기 위한 노력을 할 수 있다.

학교에서 교사가 즐거워야 수업이 즐거운 것처럼, 가정에서도 부모가 행복해야 아이가 행복하다. 모든 행복은 자족(自足)에서 시작된다. 자녀를 바라보며 감사의 제목들을 찾아보자. 건강한 것에 감사, 무사히 학교 다녀온 것에 감사, 심부름을 잘해서 감사……. 크고 작은 감사의 제목을 찾다 보면 아이를 향한 사랑과 만족의 씨앗이 저절로 싹틀 것이다.

내 아이보다 앞선 선행 학습, 다양한 교과 외 활동, 월등히 우수한 성적 등 다른 집 아이들과 비교하다 보면 불안한 마음이 드는 것도 사실이다. 그러나 조금 멀리 보는 혜안을 가지고, 내 자녀를 사랑으로 지도하는 자신을 믿고 좋은 습관을 유지하며 하루하루 경쟁력을 쌓아 가는 것이 중요하다.

부모의 욕심, 아이에게 투영된 야망, 다른 아이와의 비교, 빠른 변화를 바라는 기대감을 이제 모두 내려놓고 아이의 말에 귀를 기울이자. 먼발치에서 아이를 지켜보는 여유를 찾으면 가정이 평안해지고, 불만과 화로 가득 찼던 부모와 자녀의 마음에 평화가 찾아올 것이다.

부모가 거쳐야 할 중요한 단계가 있다. 자신의 뜻대로 아이를 이끌고자 했던 모습, 기다리지 못하고 조바심 냈던 모습, 칭찬보다 명령을 많이 했던 모습, 늘 바빠서 함께해 주지 못했던 모습 등 부모의 잘못을 아이에게 고백하며 사과하는 것이다.

"엄마, 아빠가 그동안 우리 사랑이를 많이 힘들게 한 것 같아. 정말 미안해. 용서해 줄래?"

아이와 눈을 맞추고 두 손을 꼭 잡은 채 진실한 사과를 전하고 용서받으며 자녀 교육의 터닝 포인트로 삼으라. 아이는 아이다울 때 가장 행복하다. 아이에게 어른스러움을 강요해서는 안 된다. 마찬가지로 내 아이는 내 아이다울 때가 가장 행복하다. 다른 아이와 비교하며 같은 모습을 강요하는 것은 금물이다.

인내심을 가지고 기다리자. 천천히 느리게 간다고 불안해할 필요는 없다. 조금 느려도 꾸준히 정진하면 된다. 아이를 바라보는 시각은 절대적으로 긍정적이어야 한다. 비난과 질책이 앞서는 부모는 아이의 앞날을 부정적인 방향으로 이끌 수밖에 없다. 아이의 변화를 천천히 이끌어 주고, 작은 변화와 성취에도 칭찬해 주며, 부모와 자녀가 모두 행복할 수 있는 길을 열어 주어야 한다. 이것이 자녀 교육의 성공적인 모델이다.

05 소통을 통해 내 아이 바로 보기

자녀와의 깊은 애착 관계 형성을 위해 무엇보다 중요한 요소는 바로 커뮤니케이션이다. 즉 아이와 눈높이를 맞추고 소통하는 것이 관계의 열쇠다. 자녀는 친구처럼 마음을 함께 나눌 수 있는 부모를 기대한다. 놀이공원이나 해외여행을 가는 것도 좋은 노력이지만, 부모와 아이가 서로 소통하지 못한 상태에서는 이러한 것들이 근본적인 해결이 될 수 없다.

호랑이를 잡기 위해 호랑이 굴에 들어가듯, 아이들의 마음을 사로잡기 위해서는 아이들의 세계로 들어가야 한다. 서로 다른 남과 여를 그린 《화성에서 온 남자, 금성에서 온 여자》(존 그레이 저)라는 책 제목처럼, 어른과 아이 역시 같은 시공간에 존재하지만 사실은 전혀 다른 세계에 살고 있다. 따라서 자녀의 생각과 태도가 기본적으로 '틀린' 것이 아닌 나와 '다른' 것임을 인정할 수 있어야 한다.

아이와 소통하라. 눈높이를 낮추고 공감대를 형성하라. 아이마다 각각 다르겠지만 남자아이라면 '스포츠', 여자아이라면 '인기 가요'에 열광하는 성향이 있다. 또 공통적으로 게임, 만화책, 연예인에 관심이 많다. 우리 아이가 무엇에 흥미를 느끼고 좋아하는지 관찰하고, 그와 관련된 내용의 십분의 일 정도만 관심을 가져도 자녀와 즐거운 대화를 나눌 수 있다.

필자는 컴퓨터게임에 별로 관심이 없으나, 일부러 두세 번 접해 본 뒤에 기본적인 게임 정보를 얻게 되었다. 게임의 등급이나 아이템에 대해 조금만 언급해도 아이들은 신이 나서 등급을 올릴 수 있는 기술, 친구로 등록하는 방법 등을 마치 전문가가 된 것처럼 쏟아 놓는다. 자녀가 이야기할 때 적절한 반응을 보이며 들어 주면 아이들은 부모와 친구가 된 것처럼 친밀함을 느낄 것이다. 대화의 마무리에서는 다음과 같은 결론을 내려 주면 효과적이다.

"우리 예찬이가 컴퓨터게임에 대해 정말 잘 아는구나! 게임을 어느 정도 즐기는 것은 좋지만 절제할 줄도 알아야 해. 무엇이든 지나치게 하면 문제가 될 수 있거든. 게임을 즐겁게 하듯 공부도 신나게 할 수 있었으면 좋겠다. 놀 때 신나게 놀았으면, 공부도 신나게 해야 멋있는 어린이지. 그렇지?"

또한 아이들의 언어와 생활 방식을 파악하고, 아이들이 좋아하는 만화, 책, 노래, 텔레비전 프로그램의 제목 정도는 알고 있어야 한다. 가끔씩은 텔레비전에서 방영하는 개그 프로그램을 함께 보면서 아이들의 유행어를 이해하고 적절한 상황에 사용해 보라. 자녀에게 센스 있는 부모로 인정받을 수 있으며, 유머를 통해 아이와 더욱 가까워질 수 있다. 부모와 아이만 알고 있는 특별한 유머나 제스처, 별명 등이 생기면 더욱 좋다.

자녀와 취미를 공유하고 가정의 일에 참여시켜 관심을 유도하고 즐겁게 대화하는 노력도 필요하다. 자녀가 저학년이라면 방학을 이용해 '가족 신문'을 만들어 보는 것도 좋다. 추석이나 설날 등 명절에 여러 친척들에게 보여 줄 신문을 제작하는 것이다. 최근 가장 즐거웠던 일이나 특별한 가족 행사 사진을 붙이고 기사를 쓰는 등의 과정에서 즐거운 대화의 꽃이 피어날 것이다. 만약 아이가 고학년이라면 가족 커뮤니티를 만들어 여러 가지 소소한 이야기, 사진, 동영상 등을 올리고 함께 공유하는 것도 좋다.

초등학생 때까지는 부모가 아이의 일기장을 가끔 보는 것이 필요하다고 생각한다. 일기 검사에 대한 견해는 사람마다 다르지만, 자녀와 이야기를 많이 나누고 생활을 공유하고 싶지만 현실적인 제약 때문에 그렇지 못할 때 일기는 좋은 소통의 창구가 된다. 어떤 일기는 부모님이 보았으면 하는 내용들이 있기 때문이다. 비밀을 캔다는 의미가 아니라 아이의 마음을 알고 반응해 줄 수 있다는 면에서 초등학교 정도까지는 부모가 일기를 주기적으로 살펴보는 것이 낫다고 생각한다. 물론 자녀가 싫어한다면 살짝 보고 다시 제자리에 두어야 하지만 말이다.

의사소통은 또한 '질문'으로 열 수 있다. 아이들의 생활에 관심과 호기심을 가지고 질문을 던지면 자녀는 즐거운 마음으로 부모에게 설명할 것이다. 중요한 것은 아이를 심문하거나 통제하기 위한 목적의 질문이 아니어야 한다는 것이다. 그러기 위해서는 자녀의 있는 그대로의 모습을 받아들이고 인정하는 것이 우선되어야 한다. 아이가 부모에게 마음을 열었다가 행동에 제재를 받는 순간 마음의 문을 닫아 버릴 수 있기 때문이다. 혹시 아이에게 잘못된 행동이 있다면 편안한 분위기에서 조언하는 것이 필요하다. 아이의 세계에 들어가 아이의 눈으로 자녀를 들여다보라. 말썽꾸러기도 사랑스러운 천사로 보일 것이다.

06 교우 관계 좋은 자녀가 마지막에 웃는다

학생들은 학습과 교우 관계에 대해 주로 스트레스를 받는데, 초등학교 때는 특히 교우 관계가 성적에 미치는 영향이 매우 크다. 친구들과의 관계에 문제가 생기면 학습 능률 저하로 이어지고, 결국 성적이 떨어져 또다른 스트레스가 쌓이게 된다. 친구가 전부인 초등학생 시절, 교우 관계는 가장 중요한 삶의 요소라고 해도 과언이 아니다. 다음은 자녀의 교우 관계 지도에 있어 부모가 유의해야 할 사항이다.

첫째, 아이들 사이에 다툼, 괴롭힘, 따돌림 등의 문제가 발생했을 경우, 반드시 담임교사를 통해 문제를 해결해야 한다. 종종 피해 학생의 부모가 가해 학생의 부모에게 직접 전화를 하거나 만나서 이야기를 나누는 경우가 있는데, 이 과정에서 갈등이 빚어지고 사건이 심화될 수가 있다. 부모는 문제가 생겼을 때 직접 부딪치지 말고 담임교사에게 상담을 요청해 담임교사의 중재를 통해 문제가 원만히 해결되도록 협조하는 것이 좋다.

상담을 할 때는 자녀가 잘한 점과 잘못한 점, 억울한 점 등에 대해 객관적으로 가감 없이 표현하는 것이 중요하다. 상황적으로 내 자녀가 엄연한 피해자고, 부모로서 억울한 마음이 강하다 할지라도 담임교사에게 지나치게 감정적인 표현을 하는 것은 옳지 않다. 담임교사는 상황을 해결할 수 있는 중요한 사람이므로 예의를 갖추어 차근차근 정확하게 전달하는 것이 중요하다. 우리 아이가 소중한 만큼 갈등을 겪고 있는 다른 아이도 소중하게 여기는 마음을 가져야 한다.

덧붙여 기억해야 할 것은 벌어진 일로 인해 아이의 자존감이 낮아지지 않도록 해야 한다는 사실이다. 스스로를 소중히 여기고 사랑하는 아이는 상대방도 존중할 줄 안다. 자존감이 높은 아이는 자신감도 높고 원만한 교우 관계를 유지할 수 있다. 부모는 자녀의 자존감을 높이기 위해 칭찬과 격려, 성공의 경험을 갖도록 도와야 한다.

둘째, 아이의 교우 관계에 대해 늘 관심을 가지고 살펴봐야 한다. 자녀가 친하게 지내는 친구는 누구인지, 무엇을 하며 친구들과 시간을 보내는지 파악하자. 아이의 생일에 친구들을 집으로 초대하면 아이의 교우 관계에 대해 조금 더 알 수 있다. 학부모 공개수업 때 학교를 방문하거나 선생님과의 상담을 통해 학교에서 아이의 모습은 어떤지 알아보는 것도 좋다. 이러한 관심은 아이가 친구 관계로 인해 힘들어할 때 적절한 피드백을 주기 위한 것이다. 친구들 속에서 우리 아이의 모습이 어떤지 미리 파악해 두어야 문제가 발생했을 때 아이의 언행에 대해 조언해 줄 수 있다.

셋째, 자녀에게 친구 사귀는 방법을 알려 줘야 한다. 아이들은 공통의 활동을 함께하며 쉽게 친해진다. 게임이나 운동, 독서, 공부 등 다양한 활동을 통해 친구를 사귈 기회를 만들어 주자. 친구를 대하는 태도도 교우 관계를 맺고 유지하는 데 무척 중요하다. 먼저 다가가 말을 걸고 장점을 찾아 칭찬해 주고 많이 웃고 양보하는 마음가짐을 가져야 많은 친구와 교제할 수 있다. 이러한 태도는 부모가 먼저 모범을 보인다거나 인성 교육 등을 통해 아이들의 머리에 각인되어야 그것이 행동으로 옮겨진다. 사교적이고 예의가 바른 친구를 모델로 삼아 닮아 가게 하는 전략도 좋다.

자녀가 친구를 사귀는 방법은 물론 친구들 간에 갈등이 생겼을 때 현명하게 해결해 나갈 수 있는 능력도 길러 주어야 한다. 반면 사소한 일에도 부모가 나서서 문제를 일일이 해결하는 것은 지양해야 한다. 아이가 문제를 겪을 땐 심리적으로 위로해 주고 부모의 사례, 주위의 이야기를 들려주며 적절한 해결 방법에 대해 함께 이야기하는 것이 좋다. 부모는 자녀 스스로 문제를 풀어 나갈 수 있도록 조언해 주는 역할 정도만 수행하면 충분하다.

넷째, 엄마가 원하는 친구를 아이에게 강요해서는 안 된다. 부모라면 누구나 우리 아이에게 좋은 영향력을 미칠 수 있는 친구만 만났으면 하는 바람이 있다. 그러나 그것은 굉장히 위험한 발상이다.

성격도 좋고 표정이 늘 밝은 영수는 친구들 사이에서도, 엄마들 사이에서도 인기 만점이었다. 진석이 엄마는 영수가 마음에 들어 진석이에게 영수와 친해지라고 재촉했다. 얼마 후 진석이는 엄마의 바람대로 영수와 친한 친구가 되었다. 그러나 진석이는 차츰 영수를 친구가 아닌 집착의 대상으로 여기기 시작했다. 영수가 다른 친구와 어울릴 때면 질투하고 속상해하는 것이다. 영수는 그런 진석이가 부담스러워 결국 둘 사이는 멀어졌고, 교우 관계에서 심한 스트레스를 받은 진석이는 우울증을 겪었다.

좁은 시각과 지나친 욕심이 교우 관계에서 좋지 않은 결과를 가져온 사례다. 세상 모든 사람에게는 배울 점이 있다. 엄마가 먼저 그것을 인정하고, 아이들에게도 조언해 주어야 한다. 어떤 친구들을 만나는지 관심을 가지되, 특별히 큰 문제가 되지 않는다면 아이의 사생활을 인정해 주어야 한다.

다섯째, 자녀의 사회성 발달에 도움을 주어야 한다. 친구들 사이에서 따돌림을 당하는 아이들에게는 특징이 있다. 욕을 많이 사용하는 아이, 이기적인 아이, 화를 자주 내는 아이, 지저분한 아이가 대표적이다. '우리 아이는 왜 친구들 사이에서 인기가 없을까?' 고민이 된다면 먼저 자녀가 또래 사회에서 어떻게 행동하는지를 살펴보아야 한다. 자녀가 가정에서 보이는 모습과 학교에서 보이는 모습이 정반대일 수도 있기 때문이다.

자녀가 친구들 앞에서 욕설을 하거나 이기적인 행동을 하는 모습이 포착된다면, 그때그때 충분히 이해할 수 있는 언어로 차근차근 설명해 주고 행동을 수정해 주어야 한다. 그리고 그에 앞서, 아이가 그런 언행을 가정에서 배운 것은 아닌지 돌아보고 반성하는 과정도 필요하다.

등교할 때 아이의 옷은 깨끗한지, 세수는 했는지, 옷은 단정히 입었는지, 머리는 감았는지 등 아이의 청결 상태를 확인하고 적절한 조치를 취하는 것도 중요하다. 아이들도 어른처럼 지저분한 친구 가까이에 가는 것은 꺼리기 때문이다. 자녀가 여자아이라면 예쁜 액세서리, 머리핀 등을 꽂아 주는 것도 좋다.

〈인기 만점 친구가 되기 위한 습관〉

1. 만나면 먼저 웃으면서 인사하기

2. 내가 가진 것을 친구에게 빌려주기

3. 잘못한 것이 있으면 용기 있게 사과하기

4. 놀이와 게임에서 질서·규칙을 잘 지키기

5. 주위의 인기 있는 친구들 관찰하기

6. 깨끗하게 씻고 옷을 단정히 입기

7. 친구들의 말을 잘 들어주고 웃어 주기

8. 친구가 도움을 청할 때 도와주기

07 사제 관계 좋은 아이가 공부도 열심히 한다

학교 다닐 때 좋아하는 선생님이 가르치는 과목 공부가 더 재미있었던 경험이 한두 번씩 있었을 것이다. 선생님과의 관계는 그만큼 학교생활에 많은 영향을 미친다. 특히 초등학교는 선생님 한 분과 대부분의 수업을 함께하기 때문에 그 영향이 더욱 크다고 할 수 있다.

교사에게 어떤 학생이 더 예쁘고 더 좋은지는 엄마가 좋은지, 아빠가 좋은지를 묻는 것과 비슷하다. 굳이 그런 명확한 선호를 가질 필요도 없다. 다만 교사도 사람이기 때문에 어떤 아이가 사랑스럽게 다가오는지는 지극히 상식적인 면에서 생각해 보면 쉽다. 교사의 말에 집중해 잘 듣고 반응하는 아이, 잘 웃고 친구들에게도 긍정적으로 반응하며 사이좋게 지내는 아이, 질서를 잘 지키고 다른 사람을 배려할 줄 아는 아이들은 누가 보아도 사랑스럽다.

오히려 사제 관계를 이야기하는 장에서 꼭 언급하고 싶은 것은 사제 관계를 좌우하는 부모의 영향이다. 자녀 앞에서 교사의 험담을 하는 것은 백해무익하다는 것을 모르는 사람이 있을까 했는데, 내가 학부모가 되어 보니 아직도 꽤 많은 학부모들이 그렇다는 것을 알게 되었다.

아이가 초등학교에 입학하여 만나게 된 담임교사가 기대하던 성별, 연령, 외모와 다를 수도 있다. 학교에 입학하여 낯선 환경에 놓인 아이는 선생님이 괜히 무섭고, 어렵고, 싫다고 생각될 수 있다. 그래서 필자는 아이가 학교에 입학했을 때 담임선생님이 참 좋으신 분 같다는 이야기를 의식적으로 더 많이 해 주었다. 아이가 학교생활에 대해 이야기하다가 선생님에 대한 좋지 않은 생각을 말할 때도 선생님이 그럴 만한 이유가 있거나 학생들이 여러 명이어서 그러실 수도 있다고 긍정적으로 이야기해 주었다. 선생님에 대한 부모의 변함없는 신뢰는 아이에게 고스란히 전해졌다. 이후에는 선생님이 해 주신 칭찬이나 발표 등이 좋은 강화가 되어서 아이와 선생님과의 관계가 원만하게 맺어졌음을 느끼게 되었다.

문제는 습관처럼 교사에 대한 험담을 하는 엄마들이 있다는 것이다. 아이가 하교할 때가 되어 조금 일찍 마중을 나가 있으면 엄마들이 삼삼오오 모여 담임교사에 대해 험담하는 것을 들을 때가 있는데, 그 이야기들은 대부분 학교생활에 대한 아이들의 말을 듣고 부풀려진 것들이다. 교사를 대하는 부모의 태도는 자녀의 인식에 많은 영향을 끼친다. 부모의 험담을 통해 교사에 대한 부정적인 생각이 아이에게 전해지면, 아이에겐 계속해서 선생님의 단점이나 실수만 더 부각되어 보인다. 그 악순환의 고리가 얼마나 비교육적인지 진지하게 생각해 보아야 한다.

사람은 누구나 부족한 면이 있다. 혹 정말 교사에게 부족한 면이 있더라도 아이 앞에서는 절대 그런 이야기를 해서는 안 된다. 교육적인 효과 면에서 아이에게 절대적으로 손해다.

부모들이 무심코 나누는 교사에 대한 험담을 아이가 듣고, 교사와 아이 사이에 공들여 만든 긍정적인 반응들이 무너질까 걱정되기도 했다. 교실에서의 사제 관계는 부모가 이런저런 이야기를 해 줄 수는 있어도 결국은 아이와 선생님과의 일대일 관계다. 가정에서 자녀에게 전해지는 부모의 말과 태도로 인해 자녀가 선생님에 대한 나쁜 선입견을 갖지 않게 절대적으로 조심하자. 지혜로운 부모라면 선생님을 믿고 존경하는 태도가 자녀에게 훨씬 교육적이라는 사실을 알 것이다.

08 아이가 학교생활에 적응하지 못한다면 어떻게 할까?

아이가 학교생활에 적응하지 못한다고 판단되는 경우는 학교에 가기 싫다고 반응하는 경우다. 이런 반응을 보이면 평소 하기 싫다는 말을 자주 하는 편이어서 그냥 투정하는 것인지, 정말 학교생활에 큰 어려움이 있어서 가기 힘들다고 하는 말인지 주의 깊게 살펴볼 필요가 있다.

새 학년이 되어서 선생님, 친구들이 바뀌면 고학년이라 해도 적응하는 데에 약간 긴장되고 낯설기 마련이다. 섣불리 호불호를 판단하기보다 시간을 가지고 기다리되, 친구, 학업 부담, 선생님 등 무슨 이유 때문에 힘들다고 하는지 아이의 이야기를 잘 들어 보아야 한다. 꼭 학교 내에서의 문제가 아닌 수면 부족이나 무리한 학원 교습 등이 원인인 경우도 있다.

집 근처 놀이터나 학원에 데려다주면서 또래 친구를 만날 기회가 있다면 학교에서 무슨 일이 있었는지 물어보는 것도 도움이 된다. 친구들과 상호작용하는 모습을 보며 본인은 미처 깨닫지 못하는 문제들을 발견하게 될 수도 있다.

학교생활에 대한 어려움을 계속 이야기한다면 담임교사에게 이런 상황을 알리고 도움을 청하는 것도 권하고 싶다. 교사도 아이들 속마음을 세세하게 알기 힘들 수 있는데 부모가 먼저 이야기해 주면 좀 더 주의 깊게 살필 수 있고, 부모가 다 들여다볼 수 없는 자녀의 학교생활 속 문제들을 교사가 발견해 도와줄 수 있기 때문이다.

비단 학교에서의 문제가 아니라 가정이나 게임, 환경 등 다른 곳에 원인이 있어 문제의 골이 더 깊다면, 학교 상담실(없는 학교도 있다)이나 Wee센터 등에 상담을 의뢰하는 등의 도움을 받을 수도 있다.

엄마, 아빠는 회사 일도 해야 하고 집안일도 해야 하고, 아이들도 챙겨야 한다. 엄마가 저녁 식사 준비하고 설거지할 동안 자녀도 자기 과제 정도는 스스로 해 놓아야 씻고 잘 준비하고 일찍 잠들 텐데, 마냥 미루고 "나중에요", "알았어요" 하고 딴청만 부리고 있다면 너그러운 부모라도 당연히 화가 날 수 있다.

숙제 자체에서 한 걸음 물러나 이 장면을 큰 그림으로 보았을 때, 숙제를 미루는 것은 생활 습관의 문제라고 볼 수 있다. 숙제의 난이도나 과목의 선호도를 떠나서, 아이가 자기 할 일에 대해 책임감을 가지고 정해진 시간까지 해내는 훈련이 되어 있는가를 잘 살펴보아야 한다.

학교생활을 처음 시작하는 초등학교 입학 시기는 이것을 습관화하기에 매우 중요한 때다. 방과 후에 집에 오면 잠깐 쉬고 해야 할 과제와 준비물 챙기는 것을 먼저 하도록 '가르쳐야' 한다. 처음부터 스스로 해내는 아이는 많지 않다. 반복되는 연습으로부터 습관이 나온다. 부모는 결과보다는 과정에 초점을 두고 긴 안목으로 접근할 필요가 있다.

아이가 밤늦게까지 숙제를 하지 않았다고 조급하고 답답한 마음에 지금 '23+37=?'과 같은 숙제를 부모가 대신 해 주거나 일기를 대필(실제 이런 경우가 꽤 있다는 것이 문제다)하게 되면 나중에 미적분과 영작 숙제도 대신할 각오로 손을 대야 한다. 그러다가는 자녀가 자기 삶을 스스로 책임지며 살아갈 중요한 기회를 빼앗는 격이 되고 만다.

저녁까지 숙제를 먼저 해 놓지 않아서 늦은 밤이나 바쁜 아침 시간에 하며 조금 힘들어 보거나, 미흡한 숙제를 검사받으며 부끄럽고 후회되는 마음을 한두 번 정도 겪게 되면, 과제는 미리 해 둬야 하겠다는 생각을 스스로 하게 될 것이다.

숙제 해결은 미루지 않는 생활 습관의 정립, 자기 과제에 대한 책임감과 주인의식을 갖도록 지도하는 것이 우선임을 기억하자.

초등학교 생활, 뭘 챙겨 줘야 할까?

Chapter3

01 알림장, 주간학습안내 꼼꼼하게 체크하기

앞에서도 이야기했지만, 알림장은 적어 오는 학생도 그렇지만 그것을 확인하는 부모도 '연습'이 필요하다. 부모가 확인해 주지 않고 이를 중요하게 여기지 않으면 자녀도 알림장 써 오는 일을 소홀히 여기고 학습 준비나 과제 해결을 제대로 하지 못하게 된다. 매일 오후나 저녁마다 시간을 내어 내용을 확인하고, 잘 알아보기 힘들거나 내용을 모르겠으면 자녀에게 질문하자. 교사가 알림장(학교에 따라 '연락장'이라고 부르기도 한다)을 보낼 때 아무 설명 없이 내용만 옮겨 적게 하지는 않는다. 알림 내용은 학생들이 따라 쓰기 부담스럽지 않은 분량으로 써야 하므로 내용이 축약되어 있다. 알림장을 쓰면서 이것은 어떤 내용이고, 어떤 과목을 공부할 때 필요한 준비물이고, 어떤 가정통신문은 다시 회신해야 한다는 대략적인 설명을 덧붙인다. 가정에서 축약된 알림장 내용만 보고는 정확히 무엇을 준비하라는 것인지 이해하기 어려울 수 있다.

이때 도움을 줄 수 있는 것이 바로 주간학습안내다. 주간학습안내에는 학습하는 내용, 단원, 학습 준비물 등이 비교적 상세하게 나온다. 알림장과 주간학습안내를 함께 살펴보면 내용 파악이 훨씬 쉬울 것이다. 교과 내용 외에 학사력(달력)이나 학교 누리집(홈페이지)의 공지사항 코너도 학교생활이나 행사를 파악하는 데에 도움이 된다. 학교마다 주간학습안내와 학사력, 누리집의 공지사항 등은 제공 여부에 차이가 있을 수 있다. 늘 보는 달력에 학교 행사나 주간학습안내에 나오는 준비물 등을 미리 표시해 놓으면 자칫 놓치기 쉬운 아이의 일상을 챙기는 데 훨씬 도움이 된다.

그래도 알림장의 내용을 정 알기 어려우면 가까운 친구 부모나 선생님에게 물어보면 된다. 학교생활도 다른 일상과 마찬가지다. 처음에는 어색하지만 시간이 가고 몇 가지 행사들을 거치면서 자녀의 친구와 그 부모, 교사를 마주치게 된다. 지나치게 경계하거나 어색해하기보다는 평소 느꼈던 궁금한 점이나 어려움들을 조금씩 나누다 보면 서로 도움이 될 것이다.

02 아무리 바빠도 공개수업,
　　 학부모총회에는 꼭 참가하라

　바쁘다는 핑계로 1년에 한두 번뿐인 참관수업이나 공개수업에 불참하는 부모들이 상당히 많다. 각자의 사정이 있겠지만, 아무리 바쁘더라도 학교에서 하는 공개수업에는 꼭 참석하는 것이 좋다. 공개수업 때 부모님을 기다리는 아이들의 마음은 연인이 서로를 기다리는 것보다 훨씬 더 간절하다는 것을 부모들은 잘 모를 것이다. 그러나 현장에서 지켜본 경험상, 적어도 초등학교 4학년까지는 아이들이 자신의 학교생활을 부모님에게 보여 드리고 싶어 한다.

　평소에 수업 태도가 매우 바르고 집중을 잘하는 학생이 있었다. 그런데 태도가 더 좋아야 할 공개수업 시간에 엎드려 있기도 하고, 평소보다 산만하게 구는 것이 이상하게 여겨졌다. 나중에 알고 보니 그날 가족이 아무도 오지 않은 것이었다. 그 아이는 학급 임원이었고 평소 행동도 어른스러웠으나, 역시 아이는 아이였다. 다른 친구들의 부모님은 오셨는데 자신의 엄마, 아빠는 보이지 않는 상황이 싫어서 수업을 일부러 방해한 것이다. 이처럼 아이들은 평소에는 내색하지 않아도 내심 부모의 응원을 기다리고 있다.

　이와 더불어 공개수업이나 학교 행사에 참석하는 부모들에게 교사로서 당부하고 싶은 것은 바로 '시간'이다. 학교는 분 단위까지 시종이 정해져 있고 그 시스템에 맞춰 돌아간다. 만약 학부모가 예정 시각보다 너무 일찍 도착해 수업 중인 교실 앞을 서성거리면, 창문

너머 보이는 부모님의 모습에 학습 분위기가 금방 흐트러진다. 반면 예정 시각보다 늦어지면 중요한 행사나 수업 중간에 문을 열고 들어가야 하는 민망한 상황이 연출된다. 더군다나 자녀는 '우리 부모님은 언제 오시나?' 하고 출입문만 바라보느라 수업에 제대로 집중하지 못한다. 그러므로 조금 번거롭더라도 아이들을 배려하는 차원에서 약속된 시간을 정확히 지키는 것이 좋다.

수업에 참석한 부모는 수업 시간 동안 아이의 행동, 습관, 자세, 친구들과 활동하는 모습 등을 눈여겨보면 된다. 당연히 내 자녀부터 눈에 들어오겠지만, 좀 더 의식적으로 그날 수업의 내용과 선생님의 모습, 자녀와 자주 소통하는 친구, 교실의 게시물 등 아이의 생활 환경에 대한 전체적인 것들을 주의해서 관찰하는 것도 필요하다. 하교 후 집에 가면 오늘 수업은 어땠는지, 무엇이 재미있었고 무엇이 아쉬웠는지 등을 함께 이야기하며 자연스럽게 대화를 이어 나가자. 아이들에게는 매일 반복되는 일상이더라도 부모가 관심을 가져 준다면 특별하고 자랑스러운 일과가 될 것이다.

여기서 주의해야 할 것은 대화 중에 다른 아이와 자녀를 비교해서는 안 된다는 점이다. 아이도 엄연히 감정이 있는 사람이다. 부모님에게 자신의 생활 모습을 보인 아이들의 심리는 대개 칭찬과 격려를 기대하며 설렌다. 그러므로 작은 성취나 바른 태도 등을 크게 칭찬하고 격려해야 한다.

이처럼 공개수업은 아이의 생활 모습을 직접 관찰할 수 있고 대화의 소재를 만들 수 있으며 자녀와 더 가까워질 수 있는 좋은 기회니,

되도록 놓치지 않는 것이 좋다.

학부모총회는 내 아이를 담임할 선생님과 직접 만나 이야기를 나눌 수 있는 공식적인 기회이며, 담임교사의 교육 방향이나 각종 학교 행사 등에 관한 안내가 이루어지는 자리다. 또 한자리에 모이기 어려운 같은 학급의 학부모들과 만날 수 있는 기회이기도 하다. 가능하면 반차나 휴가를 내어서라도 꼭 참석하기를 권한다.

예전과 달리 요즘은 아빠들의 참석률도 높은 편이다. 자녀가 둘이라 같은 날, 같은 시각에 열리는 학부모총회에 엄마, 아빠 한 사람씩 나누어 가는 모습도 볼 수 있다. 혹시 이것이 여의치 않다면 참석하지 못하는 사정을 학급 담임교사에게 미리 전하고, 총회가 끝난 후 준비된 유인물이라도 받아 안내 내용을 확인하는 것이 좋겠다.

덧붙여 이야기하면 공개수업과 학부모총회 외에 현장학습에는 보통 부모들이 참석하지 않는다. 요즘은 현장체험학습, 진로체험학습, 문화체험학습 등 견학 형태의 야외 학습도 예전보다 훨씬 더 많이 가며, 이때는 공지에 따라 간단한 음료나 간식을 준비할 수 있다. 그러나 봄, 가을에 한 번씩 가는 예전 소풍 개념의 현장체험학습 외에는 따로 준비해야 할 것 없이 오전에 마치고 학교로 돌아와 점심 급식을 먹는 경우가 대부분이다.

체육대회는 학교마다 다르다. 특히 도시의 학교일 경우 운동장이 크지 않아서 운동회를 하는 방식이 다르기 때문이다. 학년별로 나누어 소규모로 하는 경우에는 굳이 부모를 초대하지 않는다. 그보다 큰 규모로 체육대회를 하는 경우에는 부모가 도시락을 준비해 찾아

가고 엄마, 아빠 참여 경기를 하기도 한다.

03 담임교사와의 상담에서 꼭 해야 할 이야기

요즘 대부분의 학교는 안전과 교육 활동 보호를 위해 학부모를 포함한 외부인의 출입을 통제하고 용무가 있을 경우 교문에서 일일 방문증을 발급받아 패용하고 다니도록 하고 있다. 자녀를 학교에 보낸 부모는 아이의 학교생활에 대해 궁금한 것이 당연하다. 학교에서는 학부모와 교사가 서로 이야기를 나눌 수 있도록 학부모 상담 주간을 정해 운영하고 있다. 가능하면 이 기간에 담임교사와 상담 약속을 정해 만나도록 하자.

학부모 상담은 1년에 한두 번 학부모 상담 기간을 정해 운영되는 것이 일반적이다. 학사 일정 중 학부모 상담 기간에 시간을 내어 담임교사와 상담 시간을 정하고 찾아가 만난다. 따로 방문할 시간을 내기 어려운 경우에는 전화로 아이에 대해 이야기를 나눌 수 있다.

상담 시기가 학기 초라면 교사가 학생에 대해 알고 있으면 지도에 도움이 될 만한 사항들을 이야기해 주는 것이 좋다. 건강상 특이체질이나 알러지, 열경기를 했던 병력과 같은 것은 꼭 밝혀 주자. 학교생활 중에 처치가 필요할 때 보다 정확하게 대응할 수 있고, 그렇지 않더라도 위험할 만한 경우까지 가지 않도록 미리 조치할 수 있다.

방과 후에 아이를 주로 양육하는 분이 부모가 아닌 경우, 돌봐주는 분과의 관계, 연락처 정도는 알리는 것이 좋다. 아이들은 학교생활 중에 갑자기 아플 수도 있고, 속옷까지 모조리 버리는 경우도 생긴다. 이 외에도 갑자기 집에 연락해야 하는 경우가 생길 수 있다.

자라면서 겪은 특별히 안 좋은 기억이나 고려해야 할 만한 친구 관계 등을 교사에게 미리 알리면 생활 지도에 도움이 된다. 학교마다 조금씩 차이는 있겠지만 특히 친구 관계 등은 다음 학년으로 올라갈 때 반 편성 시 고려 사항이 된다. 두루 다 잘 지내면 가장 좋지만, 특별히 어려운 경우라면 전하는 것이 좋겠다.

그 외에도 아이가 직접 말할 기회가 없어 미처 교사가 모를 수 있는 자녀만의 특기나 염두에 두고 있는 진로 방향 등은 상담 기회를 통해 교사와 공유하면 좋다. 교사가 볼 수 있는 공문에 각종 대회나 교육 참여 알림들이 있는데, 정작 어떤 학생이 그 분야에 관심을 두고 있는지 몰라서 추천하지 못하는 경우도 종종 있기 때문이다.

상담 약속을 했다면 시간을 지켜 방문하고, 상담하는 시간도 20~30여 분 정도로 생각하는 것이 좋다. 어떤 이야기를 나눌 것인지 미리 생각해서, 자녀 지도에 도움이 될 만한 이야기를 전하고, 자녀의 평소 학교생활에 대한 이야기를 듣는 정도로 하면 된다.

요즘은 학부모 상담 시 부모가 함께 오는 경우가 늘고 있다. 자녀 양육에 대해 아빠와 엄마가 함께 이야기를 나누고 같은 방향으로 지도하는 것은 정말 필요하다. 혹시 부모 중 한 사람만 상담하게 된다면 간단히 메모하거나 잘 기억해 두었다가 그 내용을 부모가 함께 공유하면 좋겠다.

04 자녀가 학급 임원 선거에 나간다면

보통의 아이라면 학급 임원을 한 번쯤 해 보고 싶어 한다. 그렇기 때문에 1~2학년 때는 다수의 학생들에게 상실감 같은 것을 주지 않도록 하기 위해 돌아가면서 임원 역할을 맡기거나 아예 임원이 없이 당번 정도로 학급을 위해 봉사할 수 있도록 한다. 하지만 학년이 올라가면 많은 학교에서 임원 선거가 실시된다.

임원은 학급의 대표이자 동시에 학급 구성원들을 위해 봉사하는 자리다. 이 두 가지 모두를 의미한다는 것을 가정에서도 꼭 이야기해 주어야 한다. 임원은 학생과 학급을 대표하고, 교사와 학생 사이에 의사 전달을 하며, 친구들의 어려움을 보듬고 도와주는 역할을 하는 것이다.

임원의 구성이나 선거 방식은 학교, 학급마다 많은 차이가 있다. 소견 발표나 추천이 있을 수도 있고 무기명으로 투표하기도 한다. 교사가 그냥 정하는 경우는 거의 없다. 학교에서도 학생 자치를 인정하고 민주주의를 경험하고 연습하는 과정으로 임원 선거를 중요시하기 때문이다.

자녀가 학급 임원 선거에 나가고자 한다면 임원의 의미를 인지하고 봉사하는 마음으로 임기 동안 역할을 다할 수 있겠는지 우선 물어보아야 한다. 인기투표 정도로 생각한다면 곤란하다. 소견 발표하는 시간이 있는 학급이라면 이런 각오들을 정리해 적어 보고 연습도 꼭 해 보고 가도록 하자.

초등학교 임원은 그 역할이 그다지 크지 않다고 여길 수도 있지만, 아이 자체로는 정신적으로 많이 성장하는 것을 볼 수 있다. 또래의 인식이나 교사의 기대, 대표로서의 경험 등이 리더십을 키울 수 있는 좋은 기회인 것은 사실이다. 그래서 3학년 정도의 학생들은 임원 선거에서 떨어지면 집에 가서 많이들 운다고 한다. 이때 부모는 자녀에게 좋은 경험을 했다고 다독이며, 성실하게 학교생활하고 친구들에게 친절하게 대한 다음에 또 도전해 보자고 이야기해 주어야 한다.

요즘에는 역으로, 이런 시선과 준비들이 부담스러워 자녀에게 임원 선거에 나가지 말라고 하거나 아이가 임원으로 당선되었다고 해도 시큰둥한 반응을 보이기도 한다. 아직 어린아이 시기에 또래의 지지를 받는 것은 결코 작은 일이 아니다. 또 자녀가 학교생활을 얼마나 잘했으면 친구들이 뽑아 줬을까를 생각해야 한다. 아낌없는 칭찬과 격려로 응원해 주면 좋겠다.

자녀가 임원이라고 해서 부모가 별도로 준비해야 할 일은 거의 없다. 자녀가 임원으로 당선되었다고 하면 담임교사에게 학급 친구들이 뽑아 주어서 가정에서도 기쁘고 감사하게 생각한다는 정도의 인사를 전하고, 혹시 교육 활동에 도울 일이 있으면 전해 달라는 인사로 충분하다.

05 그 밖에 엄마 마음으로 준비해 주면 좋은 것들

부모가 아이의 교실 생활을 전부 파악할 수는 없기 때문에 미처 준비하지 못하는 것들이 있다. 다음에 소개하는 것들은 소소한 것들이지만, 가정에서 준비해 주면 아이들에게 유용하다.

첫째, 방석이다. 특히 여자아이들은 꼭 준비해 주는 것이 좋다. 교실 의자가 생각보다 딱딱하다. 40여 분씩 몇 교시를 앉아 있기에는 힘들고 엉덩이가 배길 수 있다. 의자가 편안해야 당연히 바른 자세로 집중하기 좋다. 시중에 방석과 의자 등받이를 연결할 수 있는 제품들이 많이 있다. 너무 화려하지 않고, 세탁을 위해 접어서 가방에 넣을 수 있는 것으로 준비해 보내면 유용하다.

날씨가 선선해지거나 기온 변화가 큰 시기에는 조끼나 가디건을 입혀 보내는 것이 좋다. 등교할 때 입었다가 낮에 더워지면 잠깐 벗을 수 있기 때문이다. 손이나 팔을 움직여 활동하기 편한 조끼는 활동성도 있고 보온 기능도 있어 일석이조다. 털이나 장신구가 과하게 달린 것보다는 단순한 것이 움직이기에도 좋고 여러 겹 겹쳐 입기에도 좋다.

환절기나 겨울철에는 보온병에 물을 보내면 좋다. 교실은 여러 아이들이 움직이며 생활하다 보니 먼지가 많다. 이런 곳에서 한나절 생활하고, 날씨까지 쌀쌀해지면 목 건강을 해치기 쉽다. 그래서 교사들은 따뜻한 물을 받아 수시로 차를 우려 마시기도 한다. 같은 공간에서 생활하는 아이들도 미지근한 보리차를 보온병에 담아 다니면 감기나 사소한 배앓이를 예방하는 데 도움이 된다. 부모가 챙기기 조금 번거로울 수 있지만 건강상의 이득은 매우 크다. 늦가을부터 초봄까지는 미지근한 보리차를 담은 보온병을 적극 추천한다.

마지막으로 겨울에는 털실내화가 유용하다. 안타깝지만 교실이 꽤 춥다. 난방이 되더라도 집처럼 바닥까지 온돌은 아니기 때문에 당연히 발이 시리다. 교사들도 겨울용 실내화를 준비하거나 작은 난방 기구 등을 따로 가지고 생활할 정도다. 아이들이기 때문에 자기 상황을 부모에게 세세하게 설명하거나 부탁하지 못할 뿐이다. 아이가 열이 아주 많은 체질이 아니라면 단정한 털실내화를 챙겨 보내면 좋다.

06 학교의 연간 행사에는 어떤 것이 있나?

초등학교에는 다양한 행사가 있다. 지칭하는 이름만 다르고 그 내용은 비슷한 것들도 있고, 학교마다 특색 있게 진행되는 것들도 있으니 학사 달력이나 학교 일정을 꼭 살펴보도록 하자. 미리 준비해야 하는 것은 무엇인지, 부모의 참석 여부, 시간, 장소 등을 유의해 보면 좋다.

3월

입학식(1학년), 시업식(그 외 학년)

간단한 의식을 하며, 입학식의 경우 부모와 가족들의 참석을 고려해 오후에 실시하는 경우도 있음.

임원 선거

1학년은 거의 하지 않는 편이고, 2~6학년 또는 3~6학년에서 실시. 5~6학년은 전교 임원 선거도 있음.

방과후학교 신청 및 개강

4장의 03 '방과후학교와 돌봄교실' 참고.

신입생 학부모 설명회

학교에 따라 1, 2월에 하거나 학부모총회로 대체하기도 함.

학부모총회

학교에 대한 전반적인 설명과 담임교사와의 만남, 학부모 조직을 구성하기도 함. 보통 평일 낮에 열림(학교에 따라 저녁 시간이나 토요일에 하기도 함).

공개수업

학생들이 담임교사와 새 교실에서 어떻게 수업하는지 볼 수 있음.

학부모 상담 주간

3장의 03 '담임교사와의 상담에서 꼭 해야 할 이야기' 참고.

4월

현장학습

예전의 '소풍'에 해당함. 집에서 도시락을 준비해 감. 4~6학년의 경우에는 1박 이상 하는 수련 활동 형태로 이루어지기도 함.

과학의 날 행사

과학에 대한 흥미를 높이기 위해 대회나 행사를 진행. 만들기, 조립, 과학 상상화 그리기 등 관심 있는 분야에 참여하며, 다소 어려울 수 있으므로 학교에 따라 고학년만을 대상으로 하기도 함.

5월

체육대회

주로 어린이날을 기념해 그 전후로 시행. 운동장이 좁은 학교는 학년별로 나누어 하기도 하며, 학교 자체 체육 활동이 중심이 되어 열리기도 하고 행사업체에게 맡겨 레크레이션처럼 하기도 함. 부모의 참여나 방문 여부도 학교 상황에 따라 조금씩 차이가 있음.

단기방학

어린이날이나 석가탄신일을 전후로 3~7일 정도 봄 단기방학을 하기도 함. 날씨가 좋을 때 가족들과 함께 체험학습, 여행, 휴식 등을 하도록 휴일을 연결해(재량휴업일) 쉬는 것임. 부모가 모두 출근해야 하는 경우는 일정을 잘 확인하고 미리 보육 계획을 세울 필요가 있음.

6월

수영교실

3~4학년은 필수, 나머지 학년은 학교 주변 수영장과의 접근성 등을 고려하여 실시됨. 1년 중 언제라도 할 수 있음. 미리 수영을 가르쳐야 하는 것은 아니고 수준에 따라 하지만, 3학년 전에 물에서 뜰 수 있고 물과 친숙한 정도는 되는 것이 좋음. 도시락은 준비하지 않고 마치고 나서 학교로 돌아와 점심 급식을 먹음.

7월

2학기 임원 선거

보통 1학기 말이나 2학기가 시작하는 8월에 함.

음악회, 학예회 등 각종 발표회

1학기 말이나 학년 말에 함.

문화체험, 진로체험

창의적 체험 활동이나 진로 교육의 일환으로 연극, 영화와 같은 공연을 보거나 다양한 직업 체험을 할 수 있는 곳으로 견학을 가기도 함. 학기 중에 갈 수도 있고, 교과 진도가 마무리되는 방학 한 주 전에 갈 수도 있음. 비용은 학생 부담이고, 특별한 준비물이나 도시락은 보통 준비하지 않는 편임.

여름방학식

8월

개학식

9월

2학기 학부모 상담 주간

현장학습

가을 소풍. 10월에 가기도 함.

10월

가을 단기방학

주로 추석, 개천절, 한글날 등에 이어서 3~7일 정도함.

체육대회(운동회)

학교마다 봄이나 가을 중 한 번만 하기도 하고, 규모나 대상 학년에 변화를 주어 진행함.

11월

각종 대회

동요 부르기나 악기 연주 등의 음악 관련 대회(가창, 기악), 바른 글씨 쓰기(경필), 학교에 따라서는 수학 관련 대회 등을 주로 함. 상장이 수여됨.

12월

방과후학교 공개수업

방과후학교에서 배운 내용을 부모에게 보여 주는 발표회를 겸하여 함. 학교에 따라서는 만족도 반영의 의미로 분기나 학기별로 열기도 함.

겨울방학식

1월

개학식

2월

졸업식(6학년)

종입식(1~5학년)

학교에 따라 1, 2월 교육과정 운영은 차이가 있다. 방학 일수를 조절하여 2월에 학교를 거의 나가지 않는 곳도 있기 때문이다. 하지만 수업일수는 거의 비슷하다(현재 190일 이상, 보통 192~195일).

그 외에도 학교마다 특색 있는 행사들이 하나둘씩은 더 있다고 보아야 한다. 교육과정 설명회, 학부모 교육의 일환으로 진행되는 학부모 연수, 아버지회 등 매우 다양하다. 행사의 특성을 미리 파악하여 필요한 준비를 해 주면 좋다.

07 어떤 아이가 상장을 받나?

학교 행사와 연관해 학교에는 다양한 대회들이 있다. 학교에서 개최되는 각종 대회에는 보통 학교장 이름의 상장이 수여된다. '상장'에 대한 인식은 사람마다 다를 수 있다. '아, 꼭 받도록 해야겠다' 혹은 '그까짓 거, 초등학교에서 무슨……' 등 생각이 다 다를 것이다.

초등학교에서 받는 상장은 학생들에게는 두 가지 정도의 중요한 의미를 가진다.

첫째는 교실 혹은 방송실에서 선생님께 상장을 받는 것이 아이에게 응원과 격려가 된다. 보통 이 모습을 친구들이 보기 때문에 상장을 받기 위해 노력한 결과에 대해 받는 칭찬이라고 여긴다.

두 번째, 학교에서 받는 상장은 생활기록부에 기록된다. 사교육을 줄이도록 하기 위해 학교 외의 모든 외부 상은 생활기록부에 기록할 수 없다. 실제로 필자가 담임한 학급에서 한 학생이 전국 대회에 나가 국무총리상을 수상했는데도 생활기록부에 그 내용을 기재해 줄 수 없었다. 그런데 학교에서 하는 대회는 등위에 상관없이 장려상이라도 모두 생활기록부에 기록된다. 이런 의미에서 보면 무엇보다 학교생활에 충실하고, 학교 행사에 참여하는 것이 중요하다고 할 수 있다.

상장을 수여하는 대회의 종류는 학교마다 다르다. 상장의 종류와 등위를 매기는 방식도 학교별로 다르다. 보통 저학년 때는 학습 부담을 많이 느끼는 수학, 과학 등의 대회는 지양하고, 글씨 바르게 쓰기 대회, 노래 부르기 대회, 책 읽기를 장려하는 대회 정도가 있다.

고학년은 이보다 좀 더 학업과 연관된 대회들이 있다. 수학 경시 대회, 글쓰기 대회, 과학탐구 대회나 영어 말하기 대회가 있는 학교도 있다. 수학 경시대회나 과학탐구 대회 등은 영재원이나 교육청 등 상위 기관 대회들이 있기 때문에 많은 학교에서 실시한다. 이 모든 분야에서 상을 받겠다는 생각보다 자녀의 능력과 관심도, 진로와 연관하여 한두 가지에 집중하는 편이 현명하다.

대회는 모두 다 참여하는 방식도 있고, 참가를 원하는 신청자만을 대상으로 하기도 한다. 상장을 받는 학생을 선발하는 방식도 수상 인원에 맞게 잘한 학생들 몇 명만 주는 대회가 있고, 일정 기준에 도달한 학생 모두를 시상하는 대회도 있다. 따라서 학사력을 보고 궁금한 점은 학부모총회 때 담임교사에게 미리 질문하는 것이 좋다.

자녀가 학교에서 상장을 받아 오면 가장 낮은 등위의 상일지라도 정말 크게 칭찬해 주어야 한다. 상장을 받지 못했더라도 결과보다는 대회를 준비한 과정이 성실했는지를 되돌아보도록 하고 아쉬움이 남는다면 다음에는 어떻게 노력할 것인지 생각해 보면 좋은 경험이 될 것이다.

(수도권 지역 4~6학년 남녀 초등학생 200명을 대상으로 한 설문 조사 결과)

아이들이 부모에게 듣고 싶은 말 BEST 7

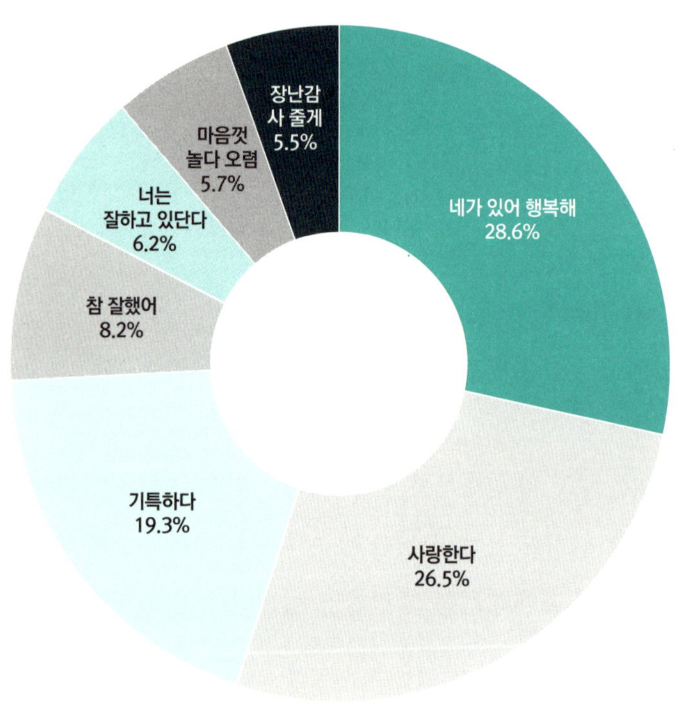

1위: 네가 어떤 결과를 얻더라도 엄마, 아빠는 네가 있어 행복해. (28.6%)

2위: 역시 우리 아들, 딸이구나. 정말 잘했어. 사랑한다. (26.5%)

3위: 정말 열심히 했구나! 기특하다. (19.3%)

4위: 성적이 많이 올랐네. 참 잘했어. (8.2%)

5위: 아들, 딸아, 힘내렴! 너는 잘하고 있단다. (6.2%)

6위: 친구들이랑 마음껏 놀다 오렴. (5.7%)

7위: 네가 갖고 싶다고 했던 장난감 사 줄게. (5.5%)

tip! 자녀들은 부모로부터 인정받고, 칭찬받고 싶어 한다. 아이들이 듣고 싶어 하는 말이 부모의 언어 습관으로 자리 잡는 것이 필요하다.

아이들이 부모에게 하고 싶은 말 BEST 9

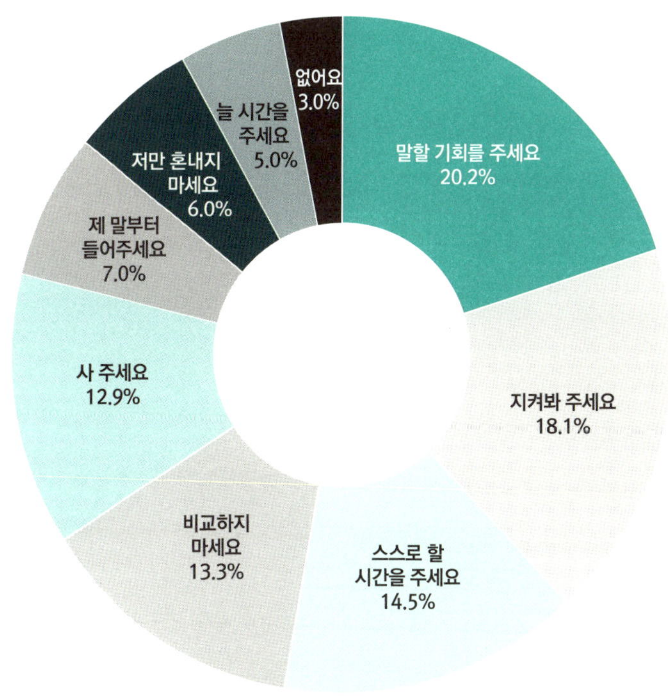

1위: 저한테도 말할 기회를 주세요. (20.2%)

2위: 노력하고 있으니 조금만 더 지켜봐 주세요. (18.1%)

3위: 스스로 제 할 일을 할 수 있는 시간을 주세요. (14.5%)

4위: 친구나 형제와 비교하지 마세요. (13.3%)

5위: 갖고 싶은 게 있어요. 사 주세요. (12.9%)

6위: 제 이야기를 듣기도 전에 때리거나 잔소리하지 마세요. (7%)

7위: 동생(형)도 똑같이 잘못했는데 저만 혼내지 마세요. (6%)

8위: 친구들과 놀 시간을 주세요. (5%)

9위: 하고 싶은 말이 없어요! 이야기해도 부모님이 안 들어 주시
거든요. (3%)

tip! 자녀는 비교당하거나 무시당할 때 상처를 많이 받는다. 있는
그대로의 모습을 인정하고 아이들의 목소리에 귀를 기울여야 한다.
아이와의 진정한 소통이야말로 성공적인 자녀 교육의 첫걸음이다.

아이들이 자유 시간에 하고 싶은 일 BEST 7

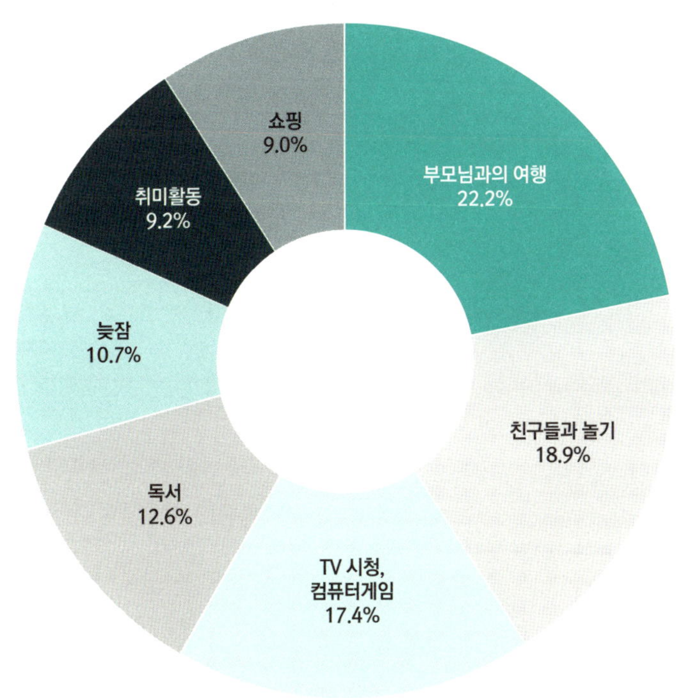

1위: 부모님과 해외 또는 전국 여행하기 (22.2%)

2위: 친구들과 놀기(놀이동산 가기, 파자마 파티, 친구 집 방문 등) (18.9%)

3위: TV 시청, 컴퓨터게임하기 (17.4%)

4위: 책 또는 만화책 읽기 (12.6%)

5위: 늦잠 자기 (10.7%)

6위: 취미 활동하기(축구, 야구 등) (9.2%)

7위: 쇼핑하기 (9%)

tip! 바쁜 일상에서 아이들이 간절히 누리길 바라는 것들이다. 방학을 이용해 조금의 '자유'를 허락하기만 해도 아이들은 큰 '행복'을 느낄 수 있다.

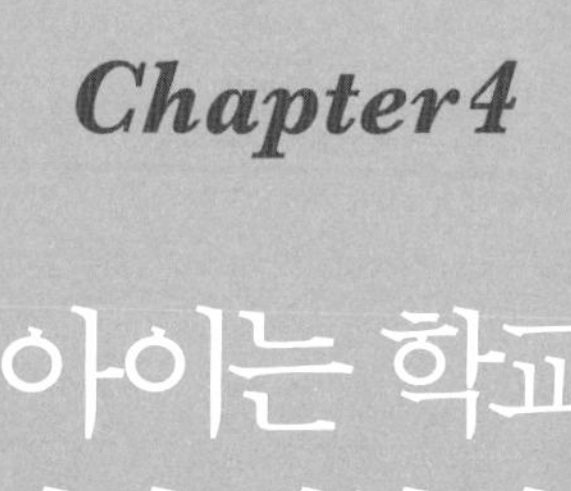

Chapter4

우리 아이는 학교에서 어떻게 생활하나?

Chapter4

01 우리 아이 학교생활, 인터넷에 다 있다

대부분의 워킹맘은 시간이 없어 학교 방문이 쉽지 않은 데다가 또래 어머니들과의 교류가 없어 불안함을 느낀다. 학교생활에 대한 정보가 부족하다고 느끼기 때문이다.

이제는 불안해할 필요가 없다. 2008년부터 학교 전반의 주요 정보를 객관적으로 투명하게 공개하는 학교정보공시제도가 시행되고 있어, 자녀의 학교생활을 인터넷에서 확인할 수 있다. 또한 '학교알리미(www.schoolinfo.go.kr)'에 접속하여 별도의 로그인 없이 학교 이름을 입력하면 학생 현황, 교원 현황, 교육 활동, 교육 여건, 학업 성취도, 도서관 현황 등 다양하고 구체적인 정보를 열람할 수 있다.

교육행정정보시스템인 '나이스 대국민서비스(www.neis.go.kr)'에서는 학교 정보뿐 아니라 자녀의 개인 정보도 확인할 수 있다. 사이트에 접속 후 은행이나 증권사의 공인인증서를 통해 로그인하면 다음과 같은 정보를 얻을 수 있다.

나이스에서 제공하는 다양한 학부모 서비스

학생 생활	월간행사, 연간행사, 급식식단표, 학교 기본사항, 시간표, 주간학습 등
학생 정보	학교생활기록부(인적사항, 학적사항, 출결, 수상경력, 행동발달사항, 종합의견), 성적, 특별활동사항, 건강기록부 등
학생 상담	담임교사와의 1:1 온라인 상담

자녀가 다니는 초등학교 홈페이지에서도 서울시교육청에서 제공하는 교육 관련 정보와 뉴스 자료를 한눈에 볼 수 있다. 특별히 관심 있는 카페나 블로그를 자주 방문하여 관련 자료와 정보를 살피는 것도 좋다. 각종 시험 정보와 체험 활동 정보를 참고하면 유용할 것이다.

대형 포털 사이트에서도 '자녀 교육'이라는 키워드로 다양한 커뮤니티가 검색된다. 자녀 교육과 부모 교육이 이슈화된 최근, 또래를 키우는 부모들이 소소한 이야기를 나누고 정보를 공유할 수 있는 웹사이트가 점차 늘어나는 추세다.

자녀를 키우는 부모의 생각과 고민은 대동소이하다. 큰 문제, 해결하기 어려운 문제, 내 자녀만의 문제인 것 같지만 함께 이야기를 나누다 보면 쉽게 해결되는 경우도 많다.

온라인이 아닌 오프라인에서도 얼마든지 정보를 수집할 수 있다. 뉴스, 신문, 그리고 잡지에 주목하자. 교육 정책은 정권이 바뀌거나 사회와 시대적 요구에 따라 바뀌곤 한다. 따라서 교육 관련 뉴스에 주목하고 신문사별 교육 섹션이나 칼럼, 인터뷰 등을 참고하고 알찬 정보는 스크랩하는 것도 좋다. 이러한 자료는 최근 교육 흐름이나 부모와 아이들의 생각을 엿볼 수 있는 유익한 자료가 된다.

담임교사나 학원 강사, 또래 친구들과의 상담도 필요하다. 우리 아이가 하루 중 가장 많이 만나는 사람들로부터 아이에 관한 정보를 얻을 수 있다. 일대일 만남이 어색할지 모르지만 우리 아이를 보살피는 사람이라는 사실을 기억하고 소통의 통로를 열어 두자.

마지막으로 당부할 것은, 넘쳐나는 정보의 홍수 가운데 우리 아이에게 무엇이 필요한지 심사숙고해서 선택하고, 아이와의 충분한 대화와 설득을 통해 실천, 적용해 나가야 한다는 점이다. 다른 사람의 이야기만으로 아이를 판단하거나 활동을 강요해서는 안 된다. 이 모든 과정은 다른 사람을 위해서가 아닌 내 아이를 위해 이루어져야 한다. 주인공이 누구인지 잊지 않도록 늘 주의하자.

'Wee 센터(www.wee.go.kr)'도 도움이 된다. 'Wee'는 학교, 교육청, 지역사회가 연계하여 학생들의 건강하고 즐거운 학교생활을 지원하는 다중의 통합 지원 서비스로, 지역별로 설치된 'Wee 센터'에서 학생과 학부모를 위한 다양한 서비스를 제공하고 있다.

Wee 센터에서 무료로 제공하는 다양한 영역의 검사

영역	심리검사
임상평가	K-PIC(한국 아동용 인성검사), 로샤검사, K-WISCIII, K-WAIS, TAT(성인용 주제통각검사), CAT(아동용 주제통각검사), BGT(벤더세슈탈트검사), MPI-A(청소년용)
위기행동	K-CBCL(아동청소년행동평가), YSR(청소년행동평가척도)
학습 및 진로	학습전략검사, 학습흥미검사, U&I 학습검사/ 진로탐색검사, 진로성숙도검사, 스트롱 진로탐색검사
대인관계 및 자기이해	MMTIC, MBTI 표준화성격검사

또한 학생들의 가정 내 문제와 학교 폭력뿐 아니라 ADHD(주의력결핍 과잉행동장애) 문제, 이성 문제 등 개인적인 부분까지 아우르는 상담 서비스와 프로그램을 운영하고 있다. 게임 중독, 인터넷 중독, 집단 따돌림, 절도, 가정폭력, 성폭력(가해, 피해) 등 민감한 문제에 대해서도 진단, 상담, 치유 프로그램을 제공하며, 학습 컨설팅과 글로벌 리더십 배양을 위한 프로그램도 준비되어 있다. 홈페이지를 방문해서 자녀 교육에 도움이 되는 유익한 정보들을 찾아보자.

국가평생교육진흥원의 전국학부모지원센터인 학부모On누리

(www.parents.go.kr)에서는 자녀 교육에 관한 다양한 정보를 얻을 수 있다.

그 밖에도 자녀 교육에 도움을 주는 다양한 기관이 있으니, 다음의 사이트를 참고해 풍성한 서비스를 제공받아 보자.

〈학부모를 위한 유용한 사이트〉

학습 지도

EBS영어교육채널 www.ebse.co.kr

꿀맛닷컴 www.kkulmat.com

에듀넷 www.edunet.net

에듀팟 www.edupot.go.kr

사이언스올 www.scienceall.com

독서교육종합지원시스템 reading.ssem.or.kr

서울외국어교육포털 see.sen.go.kr

서울시교육청 방과후학교 afterschool.sen.go.kr

한국청소년상담복지개발원 www.kyci.or.kr

진학·진로 지도

서울진학진로정보센터 www.jinhak.or.kr

진로정보망 커리어넷 www.career.go.kr

워크넷 www.work.go.kr

02 꼼꼼하게 챙겨야 할 학습 준비물

학습의 시작은 학습 준비물을 챙기는 것에서부터 시작된다. 노트를 가져오지 않아서 필기를 하지 못하거나 숙제를 제출하지 못하는 아이, 체육복을 입지 않은 채 체육 수업에 임하는 아이, 심지어 교과서를 두고 와서 수업 시간 내내 멍하게 앉아 있는 아이들을 교실에서 쉽게 볼 수 있다. 그러나 이는 부모와 아이가 조금만 관심을 가지면 충분히 해결될 수 있는 상황이다.

학급마다 차이는 있지만 교사들은 대부분 알림장을 통해 숙제와 학습 준비물 등을 안내한다. 저학년 자녀를 둔 부모라면, 학기 초에는 매일 알림장을 확인해 관심을 가지고 준비물을 챙겨 주어야 한다. 어느 정도 새 학년에 적응이 되면 아이 스스로 준비물을 챙기도록 하고 부모는 빠진 것이 없는지 체크해 주면 된다.

특히 학기 초에는 일기장, 공책, 참고서 등을 잘 준비해 두고, 자녀의 모든 물건에는 반드시 이름을 쓰는 습관을 들이게 해야 한다. 작은 펜이나 연필에도 자신의 이름을 붙여 두면 잃어버려도 찾기 쉽고 스스로 물건을 아끼고 소중히 여기는 마음을 지닐 수 있다. 만약 자녀가 물건을 잃어버렸다고 말하면, 아이에게 두세 번 찾아보게 하고 어떻게 잃어버리게 되었는지, 앞으로는 어떻게 해야 잃어버리지 않을지를 스스로 생각하도록 지도하라. 근검절약의 정신은 작은 물건을 대하는 마음에서부터 시작된다.

초등학교에서 자주 사용하는 학습 준비물은 가위, 풀, 크레파스, 색종이, 리듬악기세트, 수채화 도구, 실로폰, 멜로디언, 리코더, 사인펜, 색연필, 색 도화지 등이다. 학부모의 수고를 덜기 위해 학교가 준비물을 준비해 두려고 노력하고 있으나, 그럼에도 개인이 챙겨야 할 부분이 있으니 꼼꼼히 살펴야 한다.

특히 크레파스, 색연필, 사인펜은 번거롭더라도 낱개 하나하나에 이름을 쓰도록 하자. 학기 초에는 분명히 24색을 보냈는데, 학년 말에는 8색만 가지고 오는 경우가 생길 수 있다. 학생들이 하교한 후 교실 바닥에 떨어진 문구류들을 찾아 주고 싶어서 분실물 함을 만들어 두어도 잃어버렸는지조차 모르는 아이들이 대부분이다.

맞벌이 부부가 많은 요즘, 평일에 준비물을 구하는 것이 큰 부담으로 여겨질 수도 있다. 그러므로 주말에 아이와 함께 마트에 들러 다음 주에 필요한 준비물을 미리 구입하는 것이 좋다. 언제나 아이의 책가방 속에 있어야 할 기본 준비물은 필통, 연필, 지우개, 자, 네임펜 등이니 참고하자.

교실에 연필깎이가 없는 학급도 있다. 학습 준비물을 집에 가서 직접 챙기길 바라는 마음에 교실에 비치하지 않는 경우다. 연필은 방과 후에 집에서 주기적으로 잘 깎아 준비하고, 천 필통인 경우는 연필심이 부러질 수 있으니 연필 뚜껑을 끼우는 것이 좋다.

저학년 때는 만들기나 그리기 활동을 위해 재활용품이나 낙엽 등을 준비해 오라는 경우가 있다. 재활용품을 이용한 만들기 중에는 휴지심을 이용하는 것이 있다. 그런 경우에는 대부분 한 달 전에 공지하므로 가정에서 쓰고 버리게 되는 휴지심을 정해진 개수만큼 미리 준비할 수 있도록 한다.

준비물을 준비하는 모습은 참 다양하다. 공지받은 날부터 휴지심이 모아지는 대로 학교로 보내서 아이의 개인 사물함에 휴지심이 가득차 사물함을 열 때마다 떨어지게 된다거나, 지인들에게 부탁했는시 서른 개가 넘게 보내는 학부모도 있고, 휴지심이 아니라 딱딱한 키친타올 심을 보내서 쓰지 못하고 쓰레기만 된 경우도 있었다.

준비물을 어떻게 보내야 하는지 애매할 때 도움이 되는 것이 바로 주간학습안내다. 해당 날짜의 주간학습안내를 보면 교과서의 단원과 차시, 쪽수가 안내되어 있다. 미술책의 경우 사진과 예시 그림도 있으니 준비물을 이해하기 훨씬 수월하다. 휴지심 준비물은 휴지심을 활용해 연필꽂이를 만드는 활동이었으므로 그에 맞게 적당히 준비해 보내면 된다.

03 방과후학교와 돌봄교실

방과후학교는 사교육비 절감을 위해 다양한 내용을 저렴한 비용으로 학교 안에서 배울 수 있도록 한 것이다. 정규 수업을 마치고 학교에 개설되어 있는 과목 중 관심 있는 과목을 신청해 배운다. 개설되는 강좌 내용, 접수 방법(온라인 또는 학부모 방문 접수)이나 수강 학생을 정하는 방식(선착순 혹은 추첨)은 학교마다 다르다. 주로 개설되는 강좌는 미술, 중국어, 바이올린, 플루트, 과학실험, 독서나 글짓기, 컴퓨터, 수학, 영어 등이다. 미리 가정통신문을 통해 안내받은 강좌와 시간을 살펴보고 적당한 과목을 선택한 후 신청하면 된다.

이제 막 학교에 입학한 1학년이나 저학년 학기 초인 경우, 방과후학교를 시작할 때 가장 유의해야 할 사항은 강좌가 확정되고 나면 아이에게 몇 시에 어느 교실로 가야 하는지를 꼭 숙지시켜야 한다는 것이다. 대부분의 방과후학교는 위탁 업체 강사나 재능 기부하는 다른 선생님이 수업하는 경우가 대부분이다. 아이들마다 시간표가 다르므로 담임교사가 일일이 방과 후 시간표에 따라 각 교실로 데려다 줄 수가 없다. 처음 시작하는 학년 초, 특히 1학년 학생들은 자기 교실에서 방과 후 교실까지 가는 동선을 잘 익혀서 혼자서도 제 시간에 찾아갈 수 있도록 해 주어야 한다. 이는 1학년 초 담임교사가 알림장을 통해 반복하여 당부하는 이야기다. 이것은 말로만 일러 주어서는 아이들이 이해하기 어렵다. 가능하면 오후에 시간을 내어 학교를 방문해, 아이와 함께 교실에서 방과 후 교실까지의 동선을 반복해서 가 보도록 해야 한다. 방과후학교는 주중뿐 아니라 토요일에도 운영된다.

학교마다 3개월, 6개월 또는 1년에 한 번씩 방과후학교 수업공개 및 발표회가 있다. 이때 방과 후 수업을 잘 받고 있는지 교실에 가 보고, 만족도에 따라 계속 배울지 여부를 결정할 수 있다.

돌봄교실은 방과후학교와 다르다. 방과후학교는 '교육'에 초점이 있다면 돌봄교실은 '보육'을 조금 더 중요시한다. 그렇기 때문에 돌봄교실은 맞벌이 가정이나 저소득, 한부모가정의 자녀들이 우선 지원할 수 있도록 한다. 돌봄교실은 학교마다 차이가 있어 운영 여부(돌봄교실이 없는 학교도 있다), 운영 시간, 대상 학년, 간식이나 급식 제공 여부 등이 학교에 따라 다를 수 있다. 보통 오후 2~7시까지, 초등학교 1~3학년 정도의 학생들을 대상으로 운영하며, 주로 놀이하고 간식 먹고, 방과후학교에 보내 주거나 숙제를 봐 준다. 수요 조사를 통해 자체 프로그램을 진행하기도 한다. 신청해야 하는 시기가 되면 신청 방법과 운영 방식에 대해 가정통신문 등의 별도 안내가 있으니 학교의 안내문을 꼼꼼하게 읽어 보아야 한다.

 견학보고서, 독서 포트폴리오 잘 쓰는 법

입학사정관제 도입으로 인해 초등학생조차 '스펙 쌓기'에 많은 노력을 기울이고 있다. 물론 충분한 실력을 쌓았다면 증명하는 것도 중요하다. 하지만 보여 주기에 급급하다 보니 정작 진짜 실력은 부족한 학생도 많다. 입학사정관제는 결과 중심의 학습에서 벗어나 평소에 꾸준히 노력한 학생을 선발하겠다는 것이 근본 취지다. 평소 노력한 흔적들이 바로 좋은 스펙이 되는 것이다. 꾸준히 쓴 일기장, NIE 학습지, 현장학습을 다녀온 뒤 정리한 자료, 관심 있는 분야의 수집품, 다양한 활동 내역, 상장 등을 포트폴리오로 작성하면 충분한 증명 자료가 된다.

아이들에게는 포트폴리오의 개념이 어려울 수 있으니 시작은 부모의 도움이 필요하다. 첫 번째 작품은 부모가 함께함으로써 본보기를 보여 주어 자녀가 이해하도록 하는 것이 좋다. 그러나 절대 강요해서는 안 된다. 어떠한 것이든 학습을 '노동'으로 바꾸어서는 안 되며, 타인의 만족이 아닌 '자기만족'이 우선되어야 한다.

포트폴리오는 아이의 실력과 생각이 얼마나 자랐는지를 시각적으로 확인할 수 있는 좋은 자료다. 시험지, 독서 감상문집, 미술 작품, 수학 오답 노트, 일기장, 스크랩북 등이 대표적인 예다. 해당 분야의 내용을 분철하여 계속적으로 자료를 모아 나가며 아이 스스로 자신의 실력이 노력과 함께 성장하고 있음을 느끼도록 해 주는 데 의의가 있다. 부피의 문제로 보관이 어렵다면, 사진을 찍어 앨범에 정리해 두는 것도 하나의 방법이다.

포트폴리오는 아이의 역사이자, 미래의 학습 진로를 알려 주는 방향키가 되기도 한다. 아이의 손때가 묻은 포트폴리오를 온 가족과 친척들이 함께 보고 칭찬과 격려를 아끼지 않을 때 아이에게는 많은 동기부여가 된다. 그러나 지나치게 많은 종류의 포트폴리오를 작성하는 것은 오히려 아이에게 스트레스가 될 수 있으니 아이와 상의해서 선택과 집중을 하는 지혜가 필요하다. 많은 학부모들이 포트폴리오에 대해 막연한 오해를 한다. 포트폴리오는 시작부터 거창한 일이고 어른들이 많이 도와야 하고, 뭔가 완벽한 작품으로 만들어야 한다는 생각이다. 사실 초등학생의 포트폴리오는 그렇지 않다.

포트폴리오의 종류는 견학보고서, 독서 포트폴리오 등 여러 가지가 있다. 교사로서 보아 온 학생들의 포트폴리오 중 기억에 남는 것 몇 가지를 소개한다.

서안이는 방과 후에 학원에 다니지 않는 아이였다. 4학년이 되어 친구들 대부분이 학원을 오가며 시간을 보낼 때 집에서 혼자 공부했다. 집에는 가정에서 미술 교습을 하시는 어머니가 계셔서 아이의 생활이 많이 흐트러지지 않도록 돌봐 주실 수 있었다. 서안이가 학과 공부 외에 꾸준히 공들여 하는 일이 있었으니, 그것은 바로 '신문 스크랩'을 하는 일이었다. 처음에는 엄마의 권유로 시작했다. 흥미로운 기사를 고르거나 스크랩의 방법을 알려 주는 등 기초적인 도움을 받긴 했지만 그 이후에는 자기 나름대로의 방식으로 했다.

매일 배달되는 신문을 읽다가 관심 가는 기사를 오린 후 붙였다.

자기 생각도 적어 보고, 요약도 해 보고, 만화로 표현해 보기도 하고, 관련 기사를 더 찾아 모으는 등 생각을 확장하는 자기 나름의 활동들을 해 나갔다. 그렇게 1년여의 시간이 지났다. 마침 주로 보던 신문사에 신문 관련 활동 대회가 열렸는데, 전국 규모의 이 대회에서 신문 스크랩 부문 초등부 1등을 하는 영예를 얻었다. 작품을 만들려고 했다기보다는 많이 읽기, 자유롭게 글쓰기, 자르고 붙이고 그리는 등의 간단한 미술 활동들을 흥미를 좇아 했다고 하였는데, 결과적으로는 아주 좋은 성과가 있었다. 이런 꾸준한 활동 덕분인지 객관적으로 보기에도 글을 읽어 내는 깊이나 생각, 글쓰기 능력이 또래에 비해 탁월하였다.

또 다른 경우는 과학에 관심 있는 찬영이의 경우다. 찬영이가 다니는 학교에서 과학 관련 탐구대회가 열렸다. 요즘 초등학교에서 열리는 과학탐구 대회 중에는 난이도가 있는 대회일 경우 전체가 아니라 희망하는 학생들만 참가하는 경우가 많다. 해도 되고 안 해도 되는 것이지만, 찬영이는 평소 자기가 궁금해하던 과학적 호기심에 대해 진짜 과학자처럼 연구해 보는 활동을 한번 해 보고 싶었다. 그렇게 시작된 탐구였다.

대회에 출품할 것이기 때문에 탐구 주제, 선정 동기, 탐구 계획, 준비물, 탐구 과정 밝히기 등의 형식을 먼저 정해야 한다. 이 부분은 인터넷 자료들을 참고하거나 학교에서 정해 주는 경우 그것을 따르면 된다. 그리고 탐구해 가는 과정을 스크랩하고 기록하였다. 책을 찾거나 인터넷으로 조사하는 모습, 조립하고 만들어 보는 과정을 사진이나 그림 등으로 남기고, 자료를 정리해 자기 나름의 결론도 도출했다. 꼭 처음에 예상했던 결론과 맞거나 새로운 발명품이 나오지 않아도 된다. 궁금한 점이 생겼을 때 그것을 그냥 흘려 버리지 않고 자신의 호기심을 따라 탐구해 본 경험을 기록한 것으로 충분하다. 이렇게 정리된 자료를 탐구대회에 출품했는데, 찬영이는 학교 대표로 선정되어 교육청 대회에서도 입상하게 되었다. 본인도 정말 뿌듯해했다. 이것이 경력이 되어 대학 부설 영재원에도 합격하게 되었으니, 시도와 과정은 힘들었지만 보람 있는 경험이 아닐 수 없다.

포트폴리오는 서안이와 찬영이처럼 개인의 관심에서 접근하는 것이 좋다. 그런데 이제 저학년인 아이들은 이것을 어떻게 받아들이고 접근해야 할까?

처음부터 거창한 작품이 나오는 것이 아니다. 그림 그리기를 좋아하는 초등학교 1학년 예원이는 집에 오면 그냥 재미로 그림을 그렸다. 스케치북에 한 작품씩 완성하며 그리는 그림이 아니라, A4 용시에 생각나는 대로, 하고 싶은 대로 그렸다. 여기저기 돌아다니는 아이의 흔적을 엄마가 파일에 꽂아 주기 시작했다. 한눈에 보기 좋았는지 그다음부터는 그림을 그리고 나면 아이도 한곳에 모아 두었다. 포트폴리오의 시작이다.

이것이 그림이든, 견학이나 체험 활동을 정리해 놓은 것이든, 책을 읽고 다양하게 적어 보는 독후 활동이든 모아 두고 보기 편하게

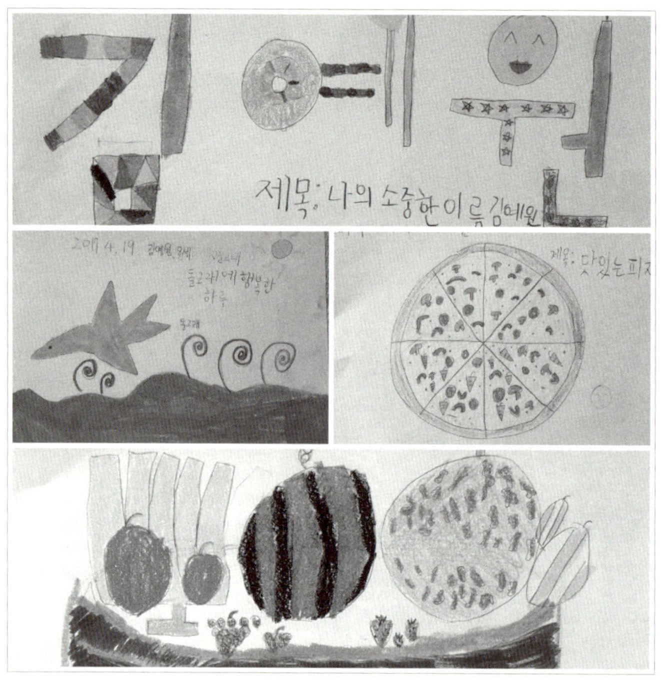

- 출처 : 초등 1학년 김예원 학생의 그림

정리하면 그게 바로 아이만의 포트폴리오가 되는 것이다.

독서 관련 포트폴리오에 대해 덧붙여 이야기하면, 독서를 장려하기 위해 학교에서 독서록을 만들어 제공하거나 별도의 포트폴리오 활동을 하기도 한다. 이런 경우는 위의 찬영이처럼 꾸준히 책을 읽고 독후 활동을 하는 데에 좋은 동기가 된다. 부모는 주어진 독서록의 형식대로 성실하게 하도록 격려만 해 주면 좋다.

그런 계기가 없다면 서안이나 예원이의 경우처럼 흥미를 갖고 읽은 책에 대에 대한 감상을 기록으로 남기게 하자. 독후 활동보다 책을 즐겁게 읽는 것이 우선이므로, 포트폴리오 제작을 위한 독서로 느끼지 않도록 하는 것이 중요하다. 독서 관련 포트폴리오 활동을 위해서는 재미있게 읽은 책의 내용을 잊지 않도록 짧게라도 감상을 남기기, 인상 깊은 장면 그리기, 내가 주인공이라면 어떻게 했을지 써 보기, 뒷이야기 상상해 쓰기 등 생각을 확장해 나가는 활동 한 가지 정도를 더해서 모아 본다면 훌륭한 포트폴리오가 된다.

05 과제, 수행평가, 생활기록부, 성적표는 어떻게 평가받나?

평가라 하면 가장 먼저 시험이 떠오를 것이다. 아이들이 학교에서 받는 평가의 종류는 크게 두 가지로 나뉜다. 총괄평가와 수행평가다. 총괄평가는 흔히 부모 세대의 중간고사, 기말고사를 말한다. 주로 지필평가 중심으로 이루어지며, 객관식과 주관식 문제로 구성된다. 최근에는 문장제 문제의 비중이 높아지며 주관식 비중이 30~40퍼센트를 넘기도 한다. 그러나 초등학교의 경우, 학교장의 재량에 따라 총괄평가가 이루어지지 않기도 한다. 즉 시험 없는 학교로 중간고사, 기말고사라는 명칭조차 사라진 것이다. 다른 말로 하면 초등학교에서의 시험은 비중이나 의미가 현저히 줄었다고 할 수 있다.

반면 수행평가는 보다 확대되는 추세다. 수행평가는 교육의 과정 중에 수시로, 다양한 방법으로 진행되는 평가 방식이다. 수행평가는 수업 중의 활동을 통해 이루어지고, 과제를 통해 이루어지기도 한다. 또한 수업 중 학생들의 참여 태도도 어느 정도 평가에 영향을 미칠 수 있다. 다시 말해 종합적이고 다양한 방식의 평가라고 할 수 있다.

미술이나 음악 같은 경우 작품을 내거나 노래를 부르거나 악기 연주를 해 보는 등의 평가를 한다. 체육 시간에는 달리기, 체조, 배드민턴 등 배운 기능을 실제로 해 보는 평가를 한다. 과학 시간에는 배운 절차대로 실험을 수행하고 보고서로 작성할 수 있는지 평가하고, 국어 시간에는 편지나 기행문 쓰기, 수학 시간에는 형성평가지 풀기 등이 모두 수행평가의 유형이 될 수 있다. 실제로 결과 중심의 평가에서 과정 중심의 평가로 비중이 높아지면서 수행평가가 이루어지고 있다.

각 과목의 수행평가 반영 기준 및 시행 방법은 각 학급의 담임 교사나 그 과목을 지도한 교과 전담 교사의 재량이다. 기준은 명확하다. 바로 해당 차시나 단원의 '성취기준 도달 여부'다. 즉, 교과서에 나오는 수업 목표가 판단의 기준이 된다. 교사용 지도서에는 이 목표와 함께 도달 여부가 상·중·하 기준으로 제시되어 있다. 자로 잰 듯 명확하다고 할 수 없지만, 이 부분에 있어서는 교사의 전문성에 대한 신뢰가 필요하다. 담임교사나 교과 전담 교사는 가르친 내용의 성취기준 도달 여부나 학급 학생들의 성취도를 파악하여 판단한다. 초등학교에서의 수행평가는 상·중·하의 평가를 상대평가로 하지 않고 잘하는 학생이 많으면 '상'을 많이 주는 절대평가 방식이 더 많다.

　총괄평가, 수행평가 등이 이루어지고 난 후 담임교사는 학생에 대한 학교생활기록부를 작성한다. 초등학교 학교생활기록부에는 학생의 개인 인적 사항, 출결 사항, 수상 내역, 자율 활동, 동아리 활동, 봉사 활동, 진로 활동, 각 교과 발달 상황, 종합 의견 등으로 구성된다.

　특히 수상 내역에는 외부 수상이 전혀 반영되지 않는다. 오직 재학 중인 학교에서 열린 대회의 입상 내역만 기록할 수 있다. 진로 활동의 경우 5, 6학년 진로 희망 사항을 학생 의견과 학부모 의견을 조사해서 기록한다. 그리고 자율 활동, 동아리 활동, 봉사 활동은 학교에서 진행된 학교 활동 등을 담임교사가 작성한다.

　그리고 각 교과 발달 상황은 학생의 학업 성취 정도를 서술형으로 작성하게 되어 있다. 석차, 백분율, 구체적인 점수, 수우미양가 등은 전혀 기재되지 않는다. 마지막으로 종합 의견에는 담임교사가 학생을 1년 동안 지켜본 후 종합적으로 판단한 의견을 바탕으로 작성한다. 학교생활기록부는 나이스의 학부모서비스를 통해 열람이 가능하다.

　초등학교의 학교생활기록부는 학생이 얼마나 전인적인 성장을 하고 있는지, 학교생활을 어떻게 하고 있는지를 한눈에 알 수 있는 자료다. 초등학교 교사는 영구적으로 남을 학교생활기록부에 가급적 아이의 장점과 미래 성장 가능성을 언급하고자 노력한다. 따라서 학급에서 평소 바르게 행동하고자 노력해야 한다. 그리고 교내에서 시행되는 각종 대회에 성실히 그리고 적극적으로 참여하는 것이 좋다.

학교생활을 위한 준비물과 생활 습관 훈련을 아무리 철저히 했어도 아프거나 사고를 당해 학교에 나오지 못하면 소용없는 일이다. 학교는 많은 사람이 함께 단체 생활을 하는 곳이기 때문에 집과는 환경이 많이 다르다. 따라서 학교에서는 학생 개개인의 건강 상태를 파악하고, 알레르기나 기타 주의해야 할 병력이 있는지를 조사해 관리한다.

학부모는 자녀의 학교생활 중에 담임교사나 보건교사가 알아야 하는 내용을 정확하게 알려야 할 책임이 있다. 심장, 신장, 뇌, 선천성 질환, 천식, 경기 등 발작이 있을 경우나 긴급 조치를 요하는 병력이 있는 경우는 조사 시 꼭 기재해야 한다. 그 외에도 체육 수업 및 수련 활동 등에 어려움이 있는 경우나 정신적 어려움도 도움을 요하는 수준이라면 알려야 한다.

특히 초등학교에 입학하는 1학년 초기에는 그동안 예방접종한 내역을 제출해야 한다. 질병관리본부 예방접종도우미 사이트(nip.cdc.go.kr)에 회원 가입하여 자녀 등록을 해 두면 접종 내역 확인, 예방접종증명서 발급 등을 할 수 있다.

초등학교에 다니는 기간 중 적어도 1, 4학년 때는 정기적인 건강검진을 받도록 지정된 병원에서 검사받아야 한다. 그 결과는 학교로 통보되며 검사 날짜와 기관은 생활기록부 보건란에 기록된다. 정해진 기간에 검사받을 수 있도록 일정이 나오면 조금 일찍 받도록 하

자. 마감일에 가까워지면 병원에서의 대기 시간도 길어진다.

접종 정보(주사기를 클릭하면 상세 접종 정보를 확인할 수 있다)

대상 감염병		백신 종류 및 방법	1차	2차	3차	4차	5차	6차
국 가 예 방 접 종	결핵	BCG(피내용)						
	B형 간염	HepB (혈장유래)						
		HepB (유전자 재조합)	주사기	주사기	주사기			
	디프테리아, 파상풍, 백일해	DTaP				주사기		
		Td						
		Tdap						
	폴리오	OPV						
		IPV						
	디프테리아, 파상풍, 백일해, 폴리오	DTaP-IPV	주사기	주사기	주사기	주사기		
	b형 헤모필루스 인플루엔자	Hib	주사기	주사기	주사기	주사기		
	폐렴구균	PCV(단백결합)	주사기	주사기	주사기	주사기		
		PPSV(다당질)						
	홍역, 유행성 이하선염, 풍진	MMR	주사기	주사기				

– 주사기 모양으로 표시된 것이 아이가 맞은 예방접종이다. 초등학교 1학년 입학 초기에 확인된 접종 내역과 아기수첩 내용을 확인하고 접종 차수를 적어 제출해야 한다.

메르스, 인플루엔자 등의 감염병과 머릿니, 손 씻기 등 보건 관련 각종 가정통신문을 유의하여 보고, 생활 안내에 잘 따르도록 해야 한다. 주의했는데도 불구하고 감염병에 걸렸을 경우, 학교에 출석하지 않고 병원에서 치료를 받아야 한다. 감염병에 걸렸을 경우 의사의 진료 확인서나 진단서를 제출하면 일주일 혹은 치료받는 기간 동안 결석으로 처리되지 않는다.

이와 더불어 초등학교 시기에 꾸준히 신경 써야 할 것이 바로 아이의 시력이다. 이는 아주 사소한 것 같지만 결코 간과해서는 안 된다. 정기적으로 자녀의 시력을 검사해 현재 아이의 눈 건강이 어떠한지 체크해야 한다. 시력은 천천히 조금씩 나빠지는 특징이 있기 때문에 사람은 자신의 눈이 나빠졌다는 사실을 제대로 인지하기 어렵다. 더구나 어린아이들은 자신의 상태를 정확하게 표현하기 어려워서 시력이 많이 떨어졌음에도 눈치채지 못하고 그대로 방치하게 된다.

나빠진 시력을 빨리 교정하지 않으면 어느 순간부터 수업 시간에 칠판이나 화면, 선생님의 동작이 잘 보이지 않게 된다. 당연히 주의가 산만해지고 선생님께 지적을 받으며 수업 태도가 바르지 못하게 되는 악순환이 계속된다. 치과 검진을 받듯이 적어도 6개월에 한 번 정도는 안과에 가서 시력 검사를 받도록 한다. 아이가 책이나 멀리 있는 사물을 볼 때 눈을 찡그린다거나 자주 깜박거리면 바로 시력 검사를 해야 한다. 대수롭지 않게 여기고 그 상태를 방치하면 그 사이에 수업에 대한 집중력이나 흥미가 심각하게 떨어질 수 있다.

학교생활을 하다 보면 정말 예기치 않게 다치는 경우가 있다. 술래잡기 놀이를 하다가, 복도에서 뛰다가, 모래 장난을 하다가, 재미로 한 수업 중 게임 활동이 과열되어서, 미술 시간에 조각칼을 사용하다가 등등 조심한다고 해도 상해를 입을 수 있다. 보건실에서 처치가 가능한 경우는 그나마 다행이지만 병원에 가서 더 전문적인 치료를 받아야 하는 경우도 있다. 이 경우 '학교안전공제회'에서 치료비를 지원받을 수 있다. 학교안전공제회란 학교 안전사고 예방 및 보상에 관한 법률에 따라 시행되는 것으로 교내 안전사고를 예방하고 피해를 적정하게 보상하기 위해 마련된 제도다. 청구는 교육 활동

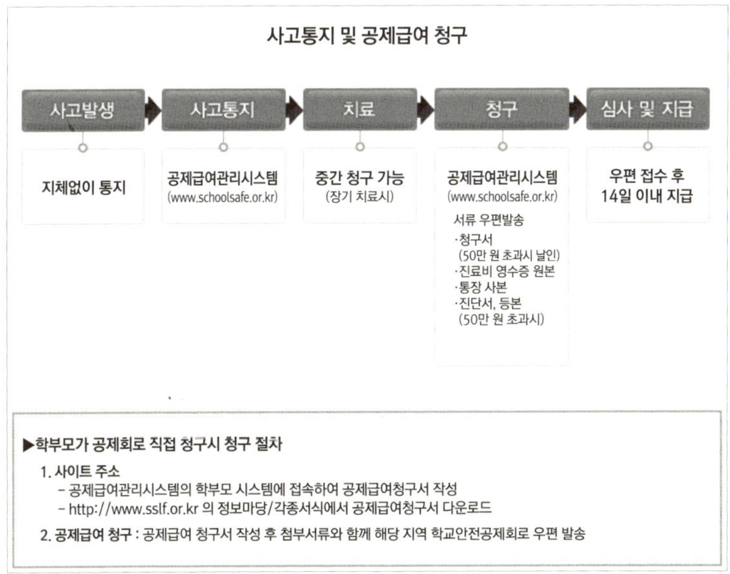

– 출처 : 학교안전공제중앙회(http://www.ssif.or.kr)

중에 함께 있었던 교사나 학부모도 청구가 가능하지만, 학교의 교육 활동 중에 일어난 일이라는 증명이 필요하다. 사고 신고 접수 후 실제 치료비 영수증 등을 첨부해 비용을 청구하면 심사를 거쳐 산정액이 정해진다.

자녀가 학교생활 중에 다치지 않는 것이 우선이다. 안전에 만전을 기하지만, 안타깝게 작더라도 사고를 겪는다면 이런 제도가 있다는 것도 알아 둘 필요도 있다.

요즘 아이들의 말을 듣다 깜짝 놀랄 때가 있다. 거친 말이나 은어를 사용하거나 '누가 누구를 좋아해', '싫어해', '너는 뺄 거야' 심지어 '죽여 버린다'는 등의 말도 서슴지 않는다. 누군가 요즘 아이들은 종(種)이 다른 것 같다더니, 말이 달라지는 것을 볼 때 그런 생각이 많이 든다. 교사로서도 그렇지만, 부모의 입장에서도 이런 말들을 들을 때 정말 걱정이 된다. 이런 말에 노출되면 우리 아이도 자연히 그 말을 배우고 따라 하게 될까 봐 그렇다.

말은 생각을 반영한다. 인성에 대해 다루면서 '말' 이야기로 시작하는 이유다. 말은 행동으로 표출되고, 놀이 속에 나타난다. 거칠고 악한 생각은 말로 나타나고, 이는 다시 다른 친구를 놀리거나 때리고, 자기가 하기 싫은 일을 다른 친구에게 시키는 등의 나쁜 행동으로 나타난다.

여기에서 가장 위험한 점은 학생들이 이것이 잘못된 행동이라고 인식하지 못한다는 것이다. 그저 '재미'나 '장난' 정도로 여긴다. 자신의 행동 때문에 다른 사람이 느끼는 불편이나 싫은 감정은 생각하지 않는다.

말이나 행동은 그 사람의 이미지를 만든다. 아이들 사이에서도 '저 아이는 어떤 친구'라는 평가를 한다. 평소 학교생활이나 친구를 대하는 태도들을 보며 자연히 그런 평가들을 하게 된다. 소견 발표가 없는 임원 선거를 하는데도 몰래 사탕이나 선물을 준 친구는 뽑지 않고, 자신들이 생각하기에 모범적이라고 생각되는 친구를 뽑는 것을 보면 알 수 있다.

초등학교는 아이들에게 있어서 공식적인 사회생활의 시작이다. 그동안 아이가 어리다고 생각하여 미처 교육하지 못했던 자녀의 언어생활이나 친구를 대하는 태도를 꼭 한번 점검해 볼 필요가 있다. 친구들과 놀이터에서 놀 때 다른 친구에게 어떻게 대하는지 살펴보아야 한다. 놀이기구를 양보하고 차례를 기다릴 줄 아는지, 공연히 다른 친구를 놀리고 괴롭히지는 않는지 말이다(의외로 다른 친구를 놀리고 도망가는 것이 관심의 표현이나 놀이라고 생각하는 아이들이 있다. 이런 아이들은 올바른 놀이나 관계 정립을 배울 필요가 있다).

덧붙여 이야기하면, 부모도 이에 본이 되어야 한다. 필자의 자녀가 초등학교에 입학할 때 신입생 학부모 설명회에 참석한 적이 있는데, 이미 안면이 있는 부모들끼리 떠드느라 선생님이 앞에서 전하는 내용이 들리지 않았다. 첫아이를 이 학교에 보내고 있으니 학교에 대해 새로울 것이 없어서 그럴 수 있겠지만, 그렇다면 뒤에 앉거나 따로 나가 이야기를 나누었어야 했다.

다른 사람에 대한 이런 태도는 아이들이 보는 곳에서도 당연히 이어진다. 내 아이가 그대로 보고 자란다는 마음으로 다른 사람을 대하는 태도에 예의를 갖추고 배려하는 모습을 보여 주는 것이 필요하다. 고운 말 쓰기, 친절하게 대하기, 다른 사람 마음을 배려하기 등을 적극적으로 지도해야 할 때다. 그래야 아이들도 남과 더불어 살아갈 수 있다.

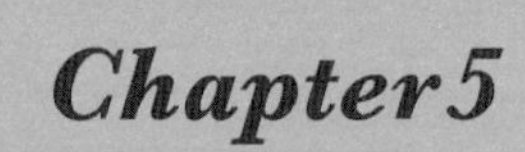

우리 아이 평생 성적 좌우할 공부 습관

Chapter 5

01 과목별 학습 전략(국어, 수학, 사회, 과학, 영어)

읽고 쓰고 말하는 국어 학습법

초등학교 저학년의 국어 학습은 한글을 또박또박 정자로 쓰기와 맞춤법에 맞는 글쓰기부터 시작해야 한다. 연필을 잡고 바른 자세로 예쁘게 글씨를 쓸 수 있도록 매일 조금씩 연습하는 것이 좋다. 학년이 올라가면 점차 독서에 대한 흥미, 글쓰기의 즐거움, 논리적으로 말하는 것에 초점을 둔다.

맞춤법에 맞는 글쓰기는 독서 교육과도 관련이 있다. 맞춤법은 양질의 도서를 읽으면서 자연스럽게 익힐 수 있으므로 급하게 서두를 필요는 없다. 단, 거실에 꽂혀 있는 책이 지나치게 오래되어 개정된 맞춤법과 달라 아이들의 맞춤법에 혼란을 주지는 않는지 확인해야 한다.

하지만 아이의 글을 보고 띄어쓰기나 틀린 문장부터 체크하는 것은 바람직하지 않다. 우선 어떤 내용의 글을 썼는지 살펴보고 자녀에게 충분한 피드백을 주어야 한다. 내용보다 형식에 대한 충고에 치중할 경우 아이는 글쓰기에 대한 두려움과 좌절감을 느낄 수 있기 때문이다.

글쓰기 능력 향상에 가장 많은 도움을 주는 것은 일기다. 하루 동안 가장 기억에 남는 일을 중심으로 글을 쓰게 하고, 자녀가 아직 어려 일기 쓰기를 힘들어한다면 그림일기를 통해 흥미를 유발하는 것도 좋다. 부모와 함께 대화하면서 쓴다거나 주제를 몇 가지 제시해 주고 아이가 마음에 드는 것을 골라서 쓰게 하는 것도 좋은 방법이다. 또한 일기장에 부모의 일기나 편지, 짧은 글을 함께 적으면서 아이와 소통할 수 있는 장으로 삼으면 더욱 유익하다. 자녀가 사춘기에 접어들었다면 일기 대신 다이어리나 플래너 등을 공유함으로써 대화의 주제를 찾는 데 도움을 받을 수 있다. 또한 꾸준히 쓴 일기를 포트폴리오로 만들어 아이가 자신의 글쓰기 능력이 향상되는 과정을 눈으로 확인할 수 있도록 하는 것도 중요하다.

가능하면 다양한 글짓기 대회에 참가해서 풍부한 경험을 쌓게 하는 것도 좋다. 글을 어떻게 쓸 것인지에 대해 고민하고 이전 대회 수상작을 읽어 보며 대회에 적극적으로 참여하면 글쓰기 능력을 향상시킬 수 있다. 관심을 가지고 인터넷, 포스터, 각종 광고들을 찾아보면 어린이를 대상으로 하는 대회가 의외로 많다. 독서 토론, 문예 창작, 독후감 등 다양한 국어 관련 글짓기 대회의 정보를 수집하고 아이가 관심 있어 하는 대회에 참여할 수 있도록 돕자. 중요한 것은 수상이 아니라, 자녀가 목표를 세우고 대회를 위해 노력하며 준비하는 과정 자체다. 아이가 대회에 참가해 자기 또래 아이들의 모습을 보고 도전 의식을 가질 수 있고, 이는 추후 목표를 정립하는 데 도움이 될 수 있다. 따라서 결과가 어떻든 대회에 참가한 것만으로도 충분히 의의를 찾을 수 있다.

말하기 지도는 평소 부모와의 지속적인 대화를 통한 교육이 가장 좋다. 그리고 말하기를 연습시키기 전에 많이 듣고 생각하는 시간을 충분히 주어야 한다. 이는 무엇을 어떻게 말할 것인가를 결정하는 준비 시간이다. 따라서 책이나 유익한 프로그램에 많이 노출시키는 것이 좋다. 아이가 말을 할 때는 논리적으로 맞지 않아도 끝까지 들어주는 것이 교육의 핵심이다. 자신의 이야기에 늘 귀를 기울이는 청중이 있으면 아이는 말하는 것을 즐기게 된다. 부모에게는 말하는 에너지보다 듣는 에너지가 더 필요하다. 자녀의 말하기 실력을 향상하는 최고의 비법은 바로 비판 없는 '경청'이다.

1. 부모와 함께 독서 토론하기

부모와 자녀가 같은 책을 읽고 함께 토의, 토론하는 시간을 가진다. 이러한 활동들은 아이로 하여금 깊이 생각하고, 논리적으로 이야기하게 하고, 독서에 대한 흥미를 가지게 하는 과정이다.

2. 국어 단어장 정리하기

독서나 대화를 통해 처음 접하는 단어가 있으면 그 의미를 파악하고 '국어 단어장'에 정리해서 기록한다. 보통 '단어장'이라고 하면 영어 과목에서만 사용하기 쉬운데, 국어 단어장도 어휘력 향상에 큰 도움이 된다.

3. 속독법 훈련하기

속독법은 눈의 이동 속도와 뇌의 이해 속도가 같아짐으로써 정확하고 빠르게 글의 내용을 이해하는 능력이다. 글을 읽고 내용을 이해하는 데 소요되는 시간을 체크하면서 차츰 독해 속도와 정보처리 속도를 높여가며 훈련한다.

개념부터 잡는 수학 학습법

수학교육 선진화 방안에 따라 기존의 문제풀이 중심, 공식 암기,

계산 능력 위주의 학습에서 벗어나 실생활과 관련된 이야기를 풀어 내는 스토리텔링 학습 방식으로 바뀌었다. 예를 들면 야구 경기 대 진표를 놓고 확률과 경우의 수를 따져 본다거나 현수교, 아치 등의 건축물 속에 숨겨진 수학적 원리를 배우는 것이다.

또한 수학교육 선진화 방안에 따라 타 교과와 통합, 연계하여 수 학을 학습하기도 한다. 사회 과목에서 수요와 공급의 관계, 환율과 유가의 상관관계 등은 수학의 정비례, 반비례 그리고 그래프와 함께 학습할 수 있는 부분이다. 그리고 음악 과목에서 음정과 리듬 속에 숨은 원리는 수학 교과에서 규칙성 찾기나 자료 정리하기 등과 관련 지어 학습할 수 있다. 즉 수학교육 선진화 방안의 핵심은 수학적 원 리를 실생활에 적용할 수 있는 응용력, 사고력, 창의력에 중점을 두 고 있다.

부모 세대의 교육은 교사가 주도적으로 수업을 이끌어 가는 교사 중심의 주입식 수업이 대부분이었다. 따라서 학생은 스스로 생각하 고 탐구하고 다른 방법을 모색할 시간을 가지지 못했다. 그러나 지 금의 교육은 학생 중심의 수업, 자기 주도적 학습의 시대다. 수학 수 업은 '곱셈'과 '나눗셈', '분수' 등의 개념이 어떻게 생겼는지, 실생 활에서는 어떻게 활용하는지 스스로 탐구할 수 있는 시간이 되어야 한다.

예를 들어 '3 곱하기 5는 15'라는 개념을 설명할 때, 곱셈은 같은 수를 계속해서 더해 가는 덧셈의 개념에서 시작되는 것이라는 원리 를 스스로 발견할 수 있도록 지도하는 것이다.

"3 곱하기 5는 3이 다섯 개 있다는 뜻이야. 그럼 식을 다른 방법으로도 쓸 수 있겠지? 예원이는 어떻게 생각하니?"

이와 같은 질문을 통해 자녀가 스스로 개념을 터득해 나가도록 도와주어야 한다. 저학년의 경우 바둑알과 같은 간단한 조작물을 이용해서 설명하면 보다 쉽게 이해할 수 있다.

수학 개념 잡기가 끝나면 기본 문제를 풀어 봄으로써 얼마나 이해했는지 파악하고 차츰 고난도의 문제를 접하면 된다. 문제를 풀 때에는 부모가 아이에게 풀이 과정을 곧장 알려 주기보다는 자녀가 스스로 해결할 수 있도록 적당한 힌트를 줌으로써 아이가 직접 도전할 수 있는 발판을 놓아 줘야 한다. 책을 찾아보고 스스로 고민하고 연구하는 시간이야말로 진정한 학습이 이루어지는 순간이다. 수학은 스스로 문제를 해결해 나가는 순간의 기쁨이 학습에 큰 동기부여가 된다.

단원별로 출제되는 기본 유형의 문제들을 실수 없이 풀도록 반복 연습하는 것이 첫 번째 과제다. 이 과정을 충분히 연습한 후에 응용 문제를 통해 실력을 향상시키는 것이다. 저학년의 경우에는 더하기, 빼기, 곱하기, 나누기 등의 셈하기 능력에 초점을 두고, 고학년은 문제 해결 능력, 다양한 방법으로의 문제 접근, 사고력, 응용력에 초점을 두고 지도해야 한다. 실력이 조금 뒤처진다고 느껴지면 반복적으로 연습 문제를 풀면서 유형에 익숙해지도록 한다.

학교 시험에 대비해서 모의고사를 실시하는 것도 좋다. 정해진 시간 안에 문제를 풀도록 하고 이해하지 못한 부분이나 실수가 반복되는 부분을 체크하는 전략이다. 모의고사는 상위권 학생들에게도 시험에 대한 실전 감각을 익히고 실수를 방지하는 데 도움을 준다.

필자가 수학 학습을 위해 학생들에게 강조하는 세 가지가 있다. 먼저, 매일매일 난이도 높은 수학 문제를 하나씩 노트에 적고 푸는 과제를 준다. 문제를 노트에 적고 10분 정도 고민한 후에 풀이 과정을 작성하도록 하는 것이다. 단순히 식과 답을 쓰는 것이 아니라 생각의 과정을 글로 풀어서 써내려 가는 형식이며, 하나의 방법이 아닌 두세 가지의 다양한 방법으로 문제를 해결하도록 한다. 따라서 아이들의 노트에는 생각의 흔적들, 즉 줄글로 쓴 풀이 과정, 다른 접근 방법, 식 그리고 정답이 기록되어 있다.

수학의 원동력은 '생각하는 힘'이자 '생각하는 습관'이다. 또한 수학은 철저히 손으로 공부하는 '수학(手學)'이다. 암산으로만, 머리로만 생각하다가 답을 이끌어 내는 것은 좋지 않은 습관이다. 한 문제를 다각도로 고민하고 여러 가지 방법을 동원해 문제를 풀어 보는 습관은 아이에게 큰 경쟁력이 된다. 성적이 상위권이라면 창의 탐구력 문제, 영재원 준비 문제, 각종 경시대회 문제를 매일 조금씩 풀어 보는 것도 좋다.

둘째, 수학 공부에서 중요한 것은 바로 '질문'이다. 질문은 공부한 아이들만이 던질 수 있는 것이고, 문제에 대해 그만큼 고민했다는 증거다. 질문하는 아이는 지적 호기심이 풍부하다고 해석할 수 있다. 교사가 차근차근 설명하고 실마리를 잡아 주면 그 문제 해결 과정은 아이의 장기 기억에 자연스럽게 저장된다. 따라서 필자는 학급의 아이들에게 '매일 질문 하나씩 하기'를 권장한다. 질문이 생활화되면 학습은 수동적인 자세에서 능동적인 자세로 바뀐다. 질문의 내용은 꼬리에 꼬리를 물며 심화되고, 이에 따라 사고와 지식도 확장된다.

'질문 노트'를 따로 만들어 수학뿐만 아니라 타 교과에도 이를 적극 활용하길 추천한다. 영어의 경우 의미를 잘 모르는 문장, 과학이라면 어떠한 현상이 일어나는 원인, 국어는 어려운 낱말의 뜻 등 다양한 분야의 질문을 기록하고 해답을 찾아가면서 호기심을 충족하는 습관을 들이게 하자.

셋째, 직접 설명해 봄으로써 완전한 지식으로 만들어야 한다. 아이가 여러 유형의 문제를 분석하고, 이해하고, 해결하고, 응용하는 단계까지 도달했다면 마지막으로 여러 번 설명하는 것이 필요하다. 이해한 부분을 보다 오래도록 완벽하게 기억할 수 있는 전략은 바로 '다른 사람에게 여러 번 설명하기'다. 아무리 기억력이 좋은 사람이라 할지라도 머릿속에서 자주 생각하고 활용하지 않으면 기억은 점차 희미해지고 만다. 따라서 친구들이나 가족에게 이 문제를 어떻게 이해하고 해결했는지 설명하면서 스스로의 사고를 정리하는 과정이 필요히다. 학교에서 또래 교사의 역할을 하며 수학 실력이 부족한 친구들의 공부를 도와준다거나 가정에서는 부모 또는 동생에게 문제 풀이 방법을 설명해 보는 것 등이 구체적인 활용 방법이다.

〈우등생의 수학 학습 비결〉

1. 수학 독후감과 수학 일기 쓰기

'수학 독후감'이란 수학 관련 도서를 읽고 하나의 수학적 원리를 어떻게 이해했는지 느낀 점을 적은 글이다. 초등학생이 배우는 사칙연산, 방정식, 단위 등은 각각 많은 수학자의 오랜 연구 끝에 나온 결과물들이다. 수학 독후감을 통해 수학에 대한 관심과 흥미가 더욱 높아지며 수학적 원리를 암기하기 이전에 이해하는 계기가 될 것이다.

일기는 그날 있었던 일 중에 특별히 기억에 남는 것을 적는 글이다. '수학 일기'도 마찬가지로, 오늘 수학 공부를 하면서 새롭게 이해하게 된 개념이나 고민 끝에 해결하게 된 문제의 풀이 과정 등에 대해 아이 자신의 언어로 작성하는 것이다. 이해하지 못했던 이유, 이해하게 된 방법 등 자신의 사고 과정을 기록하면 된다.

〈예린이의 수학 일기〉

1. 이해하지 못했던 개념, 문제

나는 분수의 1/2과 2/4의 크기가 같다는 것을 이해하기 어려웠다. 분모와 분자가 다른데 왜 같은지 말이다. 또 분모가 다른 경우에는 어떻게 분수의 크기를 비교해야 하는지도 알 수가 없었다.

2. 해결방법

그림을 그려서 생각해 보기로 했다. 1/2은 피자 한 판을 두 조각으로 나눈 것 중의 하나고, 2/4는 피자 한 판을 네 조각으로 나눈 것 중의 두 조각인 것이다. 그림을 그려서 비교해 보니 크기가 같다는 것을 알 수 있었다. 나에게는 그림으로 그려 보는 방법이 수학을 이해하는 데 더 쉽다는 사실을 깨달았다. 앞으로도 어려운 문제가 생기면 그림을 그려서 풀어 보아야겠다.

2. 바둑 배우기

"저희 아이는 응용력이 없나 봐요. 조금만 문제를 바꾸어 놓으면 어려워하고 문제를 풀지 못하더라고요."

"우리 아이는 조금만 어려우면 집중력이 급격히 떨어져요. 깊이 생각하는 자세가 부족한 것 같아요."

이러한 고민을 지닌 부모가 많으리라 예상한다. 수학은 한 문제를 두고 다각도로 생각하고 깊이 고민하는 자세가 필수적이다. 자녀에게 이러한 능력이 부족하다면, 바둑을 가르치는 것도 효과가 있다. 바둑을 통해 한 수, 두 수, 또는 그 이상을 예측하며 게임에 임하는 과정은 수학적 사고력과 깊은 관계가 있다. 바둑에 몰입함으로써 집중력이 높아지고, 생각하는 힘도 기를 수 있기 때문이다.

3. 적당한 선행 학습하기

선행 학습의 가장 큰 단점은 학교 수업의 흥미를 떨어뜨려 학습의 집중력이 낮아진다는 것이다. 그러나 이것은 과목에 따라 다르게 적용되며, 특히 수학의 경우는 적절한 선행 학습이 어느 정도 도움이 되는 과목이다. 고학년으로 갈수록 처음 접하는 수학적 개념이 어려워지기 때문에 학교 수업만으로 완벽하게 이해하기란 쉽지 않다. 이해하지 못한 부분에 대한 정확한 보충 학습 없이 계속해서 다음 수업이 진행되면, 아이는 향후 수업 이해도가 떨어지고, 결국 진도를 따라가기에 급급하게 된다.

수학의 선행 학습은 단점보다 장짐이 더 많다. 힌 번 익혔던 내용이기에 수업 시간에는 복습하는 자세로 여유롭게 임할 수 있다. 자신이 이해했던 방법과 선생님의 방법은 어떻게 다른지 비교하는 것도 좋다. 수업 진도에 따라 심화 보충의 기회를 가질 수도 있다. 학교 수업 때는 선행 학습에서 놓쳤던 개념들을 체크하고 심화 문제를 통해 해당 단원을 깊이 있게 공부할 수 있는 것이다.

독서와 체험이 효과적인 사회, 과학

"선생님, 최근에 사회, 과학이 어려워져서 관련된 학습지를 시키면 저학년 통합교과부터 다 잘할 수 있다고 하던데, 시키는 게 나을까요?"

2학년 학부모의 질문이다. 결론부터 이야기하자면 학습지 대신 다양한 분야의 책을 읽히고 박물관, 민속촌, 과학관, 구청, 시청, 우체국 등 여기저기를 많이 데리고 다니는 게 더 좋다고 답변했다.

저학년 교과서에 글보다는 그림이 많아져서 배경지식을 모르면 대답을 못 한다더라, 고학년 역사는 미리 안 배워 두면 안 된다더라 하는 이야기들이 있지만, 그렇다고 그 분야의 단편적인 지식들을 조금씩 모아 놓은 사회, 과학 학습지의 효과는 기대만큼 크지 않다. 초등학교 수업 시간에 다른 친구들보다 대답은 조금 더 잘할지 모르지만, 그 내용이 깊어지는 중·고등학교 공부를 생각했을 때 그것은 헛수고가 될 확률이 높다.

그렇다면 사회나 과학에 도움이 될 만한 책에는 어떤 것들이 있을까? 아이들 책에도 여러 분야가 있다. 그중에 '교양'에 해당하는 분야와 '자연 관찰'에 해당하는 책들이 사회, 과학 교과와 많이 연결된다. 아이가 책을 접할 때 이야기책과 더불어 이런 책들도 자연스럽게 접할 수 있도록 하자.

체험 활동은 초등학교 시기가 적기다. 학년 군별로 좋은 곳을 추천해 보고자 하는데, 지역이나 활용 가능한 시간 등 변수가 다양하므로 정확한 장소보다는 주제를 중심으로 이야기하고자 한다.

저학년에는 '계절의 변화'를 느낄 수 있는 곳이 좋다. 공원, 계곡, 바다, 수영장이나 눈썰매장 등을 다녀오면 교과 이해에 도움이 된다. '우리나라'에 대해 알 수 있는 경복궁, 광화문, 각종 박물관, 민속촌도 좋은 체험 장소다.

중학년은 '우리 고장과 지역사회'가 중요 개념이다. 따라서 주민센터, 구청, 시청에 갈 때 아이를 데리고 가 보자. 우체국, 은행과 같은 곳도 교과서에는 흔히 등장하는 곳인데 실제로 가 보지는 못한 학생들이 많다. 이런 곳들이 우리 지역에서 어떤 일을 하는 기관들인지 책에서만 배우는 것보다 부모가 방문할 때 같이 가 보면 이해에 더 도움이 될 것이다.

고학년은 '역사'와 '세계'가 중심이다. 역사는 책의 도움을 많이 받아야 한다. 책을 읽다 보면 궁금한 유적들이 생길 것이다. 박물관이나 강화도 유적지, 경주, 공주, 부여 등 주제에 따라 유적지를 직접 가 보면서 공부하면 훨씬 효과적이다. 세계 여행도 직접 다녀 보면 좋겠지만, 여의치 않으면 각 나라의 문화원이나 차이나타운 등 문화적 다양성을 느낄 수 있는 곳을 방문해 보자.

3학년부터 배우는 과학 교과의 이해를 위해서는 서천국립생태원, 국립과천과학관, 송암천문대 등을 추천한다. 생태원은 3, 4학년에 나오는 식물과 동물, 천문대는 5, 6학년에서 배우는 지구와 우주, 별에 대한 공부에 도움이 되며, 과학관은 그 외의 소리, 속력, 힘 등 다양한 과학 개념들을 보다 실제적으로 익히는 데에 도움이 된다.

좋은 책과 체험 활동은 다시 말하면 '다양한 경험'이라고 할 수 있다. 사회와 과학 교과는 어린 초등학생들에게 민주 시민으로서의 소양을 기르고, 자연 현상들을 이해함으로써 살아가는 데에 유익하도록 도와주려는 것이다. 교실 교육에는 현실적인 제약들이 있어 교과서에서 배우는 것들을 모두 경험해 볼 수 없다. 따라서 가정에서 직·간접적인 체험을 통해 여러 가지를 경험하도록 해 주면 사회, 과학 교과를 이해하는 데에 많은 도움이 될 것이다.

꾸준히 반복하는 영어 학습법

요즘도 기러기 가족을 자처하며 영어 조기교육이나 조기유학에 열을 올리는 부모를 심심치 않게 볼 수 있다. 상황이 이러하니 어떤 부모들은 자녀에게 그러한 교육을 제공해 주지 못하는 점에 대해 미안해하기도 한다.

대부분의 부모가 어릴 때부터 영어를 배우면 보다 쉽게 익힐 수 있을 거라는 강한 믿음으로 자녀를 영어 유치원이나 학원, 유학원에 보낸다. 그러나 중요한 것은 나이에 맞는 교육이다. 즉 조기교육이 아니라 '적기교육'이 중요하다.

3~7세에는 인성과 예절 교육이 어느 때보다 중요하고, 10~13세에는 언어 학습을 하기에 알맞은 최적의 시기다. 만약 취학 이전부터 영어 교육에 매진할 경우 영어 학습 외에 반드시 필요한 사물의 이해력, 인지 능력, 사회성, 창의력 등의 발달이 미진할 수 있다. 다시 말해 이 시기에는 많은 것을 보고, 듣고, 묻고, 말하면서 영어 외의 능력도 발달시켜야 한다는 뜻이다. 이 시기의 아이들은 호기심이 왕성해서 질문도 많이 하고 친구들과 관계를 맺으며 세상을 익히기 시작한다. 그런데 이토록 중요한 시기에 오직 영어 교육에만 전념하는 것은 옳지 않다.

실제로 어릴 때부터 조기 영어 학습을 경험한 학생과 초등학교 3~4학년 때부터 영어 학습을 진행한 학생의 영어 발화 능력에는 큰 차이가 없다는 연구 결과도 있다. 미국의 저명한 언어학자 노암 촘스키는 10~13세야말로 언어 습득에 가장 중요한 시기라고 주장했다. 언어를 관장하는 좌뇌뿐 아니라 뇌 전체를 언어 학습에 이용하며, 모국어와 외국어의 간섭과 방해가 적은 최적기이기 때문이다.

결국 부모는 '조기'를 강조할 것이 아니라 '적기'를 명심하고 반드시 자녀가 제때에 필요한 교육을 빋도록 협조헤야 한다. 영어 하습에서 가장 중요한 키워드는 '매일'이다. 쉬운 이야기 같지만 정작 실천에 옮기려면 부척 힘들다. 가능하면 매일 일정한 시간과 장소를 정해 영어 공부를 꾸준히 하는 것이 효과적이다.

여기에서는 초등학생에게 유용한 영어 공부법 몇 가지를 소개하고자 한다. 자녀 개개인의 특성을 고려해 규칙을 적용하자.

첫째, 자신만의 단어장을 만들어 주자. 작은 수첩과 연필을 늘 지참하여 모르는 단어가 생기면 단어와 뜻을 적어 어디에서든 외울 수 있도록 한다. 스스로 알고자 하는 마음가짐에서 진정한 학습이 시작되며, 이러한 학습이 오래 기억되기 마련이다. 부모는 단어장의 단어를 중심으로 한 퀴즈로 아이가 단어를 잘 외우고 있는지 점검해 주면 된다.

둘째, 매일 영어로 말하고 영어를 들을 수 있는 환경을 제공하자. 우리나라는 영어를 제2언어가 아닌 외국어로 사용하기 때문에 영어 환경에 노출될 시간이 절대적으로 부족한 현실이다. 따라서 영어 회화 학원, 전화 영어, 화상 영어, 문화센터 영어 수업, 방과후학교 등을 통해 매일 원어민과 대화할 수 있는 기회를 의도적으로 만들어 주어야 한다.

셋째, 영어를 배우는 이유와 필요성을 스스로 알고 느끼도록 해 주자. 단순히 좋은 학교에 진학하기 위해, 좋은 점수를 얻기 위해, 엄마가 시키니까 등이 학습의 이유가 되어서는 안 된다. 영어를 배우는 목적은 외국인과의 원활한 의사소통임을 알려 주고 해외 펜팔, 해외 문화 탐방, 영어 예배 등 국제적인 행사에 참여해 아이에게 영어가 필요한 상황을 겪도록 해 준다.

넷째, 영어 독서 습관을 길러 주자. 독서를 통해 아이는 문장의 구조와 문법 그리고 어휘력, 의사소통 기술 등을 익힐 수 있다. 자녀의 수준에 맞는 영어 도서를 선택해 쉽고 재미있게 학습할 수 있도록 하자. 한글 도서와 함께 읽으며 독서의 재미를 느끼게 하는 것도 중요하다. 부모가 직접 읽어 주거나 녹음된 음성을 들려주는 것도 좋다. 도서관이나 서점에 수많은 영어 도서가 있으니 적극 활용하여 자녀가 영어 문장에 많이 노출되고 반복할 수 있도록 지도하자.

다섯째, 어느 정도 수준에 도달하면 영어 웅변대회, 영어 쓰기 대회 또는 영어 독서 토론 모임 등에 참가하게 하자. 저학년 때 단어와 문장을 학습했다면, 고학년 때는 표현에 초점을 맞추어야 한다. 아이가 하고 싶은 말을 영어로 어떻게 표현할지 고민하며 스스로 원고를 작성하고 원어민에게 피드백을 받는 작업을 통해 유창한 영어 실력을 갖출 수 있다. 기존의 영어 능력 평가는 읽기(Reading)와 듣기(Listening)에 치중되었으나 앞으로는 읽기와 듣기뿐 아니라 쓰기(Writing)와 말하기(Speaking)까지 전체에 초점을 두고 평가가 이루어진다. 즉 종합적인 영어 능력을 평가하는 것이다. 국가영어능력평가시험(NEAT: National English Ability Test)에 대비하여 아이가 흥미를 가지고 있는 콘텐츠를 읽고 듣는 데 그치는 것이 아니라, 자신의 생각과 의견을 영어로 말하고 써 보는 활동이 필요하다.

여섯째, 아이가 영어 공부를 즐기도록 도와주자. 부모의 욕심이 지나쳐서 영어 공부에 큰 부담과 스트레스를 갖는 학생이 많다. 그러나 영어는 자연스럽고 즐겁게 배워야 학습 효과도 크다. 영어 캠프, 영어 연극, 영어마을 체험 등을 활용해 자녀에게 신나는 학습 기회를 제공하자. 방학에는 짧은 시간이나마 영어권 국가를 방문해 직접 듣고 말해 보는 것이 영어 학원에서 책과 씨름하는 것보다 훨씬 효과적이다. 영어는 인내가 필요하며 짧은 시간에 눈에 띄는 결과를 기대하기 힘든 과목이다. 따라서 부모는 매일매일 꾸준히, 즐겁게 영어 공부에 임할 수 있도록 조력자가 되어야 한다.

다음은 학년별 영어 공부 전략법이다.

초등학교 1~2학년

저학년 학생은 영어 단어 카드를 이용해 정확한 발음과 의미를 익히도록 지도해야 한다. 이와 더불어 간단한 영어 노래나 동화, 영어 만화를 통해 영어에 대한 흥미를 조금씩 느끼도록 돕자. 많은 양을 하루에 끝내야 한다는 욕심은 버려야 한다. 놀이와 게임에 초점을 맞춰 공부와 놀이의 경계를 없애는 것이 가장 좋다. 학원을 선택할 때에도 딱딱한 강의식 수업은 지양하고 활동 중심의 놀이 영어 수업을 하는 곳을 선택하면 더욱 큰 효과를 볼 수 있다.

특히 저학년의 경우는 발음에 신경을 써야 한다. 전화 영어, 인터넷 화상 영어 등의 매체를 이용해 외국인 선생님과 함께 노래 부르고, 말하고, 들음으로써 정확한 발음 방법을 익히도록 하라. 수업의 소재는 아이가 관심을 가지고 있는 것이면 더욱 좋다.

초등학교 3~4학년

이 시기는 언어를 배우기에 알맞은 시기다. 1~2학년 때 영어에 대한 흥미와 관심을 갖게 되었다면 이제는 왜 영어를 공부해야 하고 열심히 해야 하는지에 대한 필요성을 스스로 느끼는 것이 중요하다.

부모의 강제적이고 반복적인 권유보다는 방학을 이용해 영어 캠프에 참여하거나 해외를 방문해 영어 교육의 필요성을 체험할 기회를 제공하는 것이 더욱 효과가 크다. 부모는 아이가 스스로 신나게 영어 공부에 임할 수 있도록 지원해 주고, '쥬니어네이버'나 EBSe 등 인터넷을 활용한 공부법을 소개해 주는 것도 좋다.

초등학교 5~6학년

영자 신문, 영어 펜팔, 영어 교양잡지, 아리랑TV 등을 이용해 생활 속에서 자연스럽게 영어를 접할 수 있도록 한다. 또한 〈해리포터〉나 〈반지의 제왕〉 시리즈 등 아이들이 즐겨 보는 영화를 원서로 읽도록 권하는 것도 좋다. 전체적인 내용을 파악한 후 원서를 읽으면 독서에 속도도 붙고, 다소 어려운 문장이 있더라도 내용을 알고 있기에 뜻을 파악하기 쉽다.

읽다가 마음에 드는 문장은 따로 옮겨 적었다가 암기하고, 이해가 안 되는 문장은 체크했다가 따로 공부하면 더욱 좋다. 영어 도서를 처음 읽을 때는 어렵고 지루한 느낌이 들어 술술 읽히지 않는데, 이럴 때는 녹음된 CD나 데이프를 들으면서 따라 읽고 전체 내용을 파악하는 것도 하나의 방법이다. 수학이 손으로 공부하는 과목이라면, 영어는 입으로 공부하는 과목이기 때문이다. 또한 정기적으로 PELT, TEPS, JET, NEAT 등 영어 능력 시험을 통해 자신의 실력을 점검하도록 유도하는 것도 좋다.

 가정에서 효과적으로 할 수 있는
초등 공부 지도

매일 조금씩 천천히 공부하는 것은 커다란 목표를 위한 필수 학습 전략이다. 만약 '열 문제 풀기'라는 같은 분량의 공부를 주희는 하루에 두 문제씩 5일간 해결하고, 희철이는 열 문제를 한꺼번에 풀었다면 그 효율성과 학습 효과는 누가 더 높을지 생각해 보자. 물론 개인의 학습 성향과 과목에 따라 차이가 있겠지만, 보편적으로 주희처럼 매일 조금씩이라도 공부한 학생이 훨씬 효과적이다.

이러한 결과를 토대로 초등학생이 가정에서 매일 학습하면 좋은 과제를 소개하고자 한다.

도전할 만한 난이도의 수학 문제 풀기

자신의 실력보다 한두 단계 높은 수준의 수학 문제를 하루에 한두 문제씩 푸는 것이 좋다. 이때 문제는 부모가 직접 노트에 적어 주거나 프린트해서 아이에게 제공하는 등 관심을 가져야 한다. 아이에게 약 20분 정도 문제에 대해 고민하도록 유도하고, 만일 그날 해결하지 못할 경우엔 최소한 하루나 이틀은 생각해 보는 습관을 갖도록 해야 한다.

어려운 문제를 스스로 해결했을 때 아이는 수학에 대한 자신감과 진정한 재미를 느끼게 된다. 만약 사흘이 지나도 문제를 풀지 못할 때는 반드시 질문을 통해 문제를 해결하도록 해야 한다. 질문을 통해 얻어진 지식은 오래도록 기억에 남는다. 문제를 풀기 위해 생각한 시간만큼 문제 해결에 대한 목마름도 깊어졌기에 부모님이나 선생님의 가르침이 머릿속에 쏙쏙 들어오기 마련이다.

이처럼 '매일 한두 문제씩 풀기'와 '20분 이상 생각하기'가 습관이 된다면 아이의 수학 실력은 놀랍게 신장될 것이다.

인터넷 화상 영어 활용하기

저학년은 가급적 텔레비전이나 컴퓨터를 접하지 않는 것이 좋지만, 멀티미디어를 이용하여 학습 능률을 극대화할 수 있다면 필요에 따라 융통성 있게 활용하는 것이 좋다.

영어 학습의 핵심은 매일매일 꾸준히 하는 것이다. 매일 조금씩 영어로 생각하고 듣고 말하는 연습을 해야 한다. 이러한 요소를 만족시키는 도구가 바로 '인터넷 화상 영어'다. 멀티미디어를 활용한 수업의 장점은 일대일 수업이라는 것, 학생 발화 시간이 많다는 것, 집에서 편안하게 매일 할 수 있다는 것, 그리고 개인의 스타일에 맞는 선생님과 콘텐츠로 수업이 진행된다는 것이다.

누구든지 자신의 관심 분야가 대화의 주제가 되면 더욱 집중하며 많은 이야기를 할 수 있다. 업체에서 제공하는 교재가 아니라 아이가 좋아하는 주제의 책을 교재로 선정해서 수업을 진행하면 집중력이 높아질 것이다. 만약 자녀가 3학년 이상이라면 일기를 쓸 때 서툴더라도 가끔 영어로 써 보는 것도 좋다.

풍부한 어휘력을 위한 한자 익히기

'도원결의(桃園結義)'라는 고사성어는 삼국지의 유비, 관우, 장비가 복숭아나무 아래에서 의형제를 맺은 데서 유래한 것이다. 이러한 흥미로운 이야기를 통해 도원결의의 뜻이 '사람들끼리 하나의 목적을 이루기 위해 행동을 같이할 것을 약속한다'라는 것을 쉽게 이해하고 기억할 수 있다.

어떤 학습이든 '이야기'가 있으면 쉽게 익히고 오랫동안 기억한다. 그러므로 지식의 파편들을 알려 주기보다는 지식의 줄기와 뼈대를 가르치는 것이 중요하다. 결국 지식의 확장과 응용을 위한 학습이 필요하다는 뜻이다.

국어는 70퍼센트 이상이 한자어로 구성되어 있다. 한자를 이해하면 처음 보는 낱말의 뜻도 쉽게 파악할 수 있고, 독해력이 향상되며, 어휘력이 풍부해진다. 초기 한자 학습은 일상생활에서 많이 쓰이는 단어를 중심으로 익히는 것이 좋다. 그리고 한자검정자격증 급수에 배정된 한자의 난이도와 활용도를 참고하여 적합한 수준의 한자를 익히면 큰 무리가 없다. 자격증 취득과 더불어 다양한 고사성어의 유래와 뜻을 알아 가면 알찬 한자 학습이 될 것이다.

처음부터 무리하게 한자를 쓰기보다는 눈으로 먼저 한자를 익히고 읽을 수 있도록 지도하자. 한자 단어 카드를 이용하면 쉽고 빠르게 모양을 익힐 수 있다. 그 후에 외운 글자를 써 보면서 학습하는 것이 좋다. 평소에 부모가 한자어로 된 단어의 의미를 설명할 때 각각의 음과 훈을 설명해 주면 아이는 한자에 친숙함을 가질 수 있다.

우뇌를 자극하는 예체능 활동하기

좌뇌 중심적 학습에서 벗어나 우뇌를 자극하는 체육, 미술, 감성 활동 등은 아이의 전인적 성장에 무척 중요한 요소다. 쉬는 시간 역시 학습의 연장이다. 편안히 잘 쉬어야 다음 학습에 더욱 집중할 수 있기 때문이다. 따라서 아이들이 신나게 놀면서 학습할 수 있는 예체능 활동의 기회를 마련해 주어야 한다.

그러나 아이들이 마음껏 뛰놀다 보면 자칫 시간 관리 능력이 떨어질 수 있으니, 학습 스케줄에 따라 스스로를 통제할 수 있도록 부모가 신경을 쓸 필요가 있다. 이때 잔소리보다는 아이가 스스로 자기 점검표에 반성할 부분이나 잘한 점을 체크하게 하고 함께 대화하는 것이 효과적이다. 아이가 스스로 시간을 체크하고 시간을 관리할 수 있도록 손목시계를 선물해 주면 더 좋은 효과를 기대할 수 있을 것이다. 또한 일주일에 하루 정도 부모가 자녀와 함께 예체능 활동을 하면 무척 유익하고도 의미 있는 시간이 될 것이다.

한편 방과 후에 가정에서 학습할 때도 체계적으로 계획을 세우는 것이 좋다. 계획을 짤 때는 시간 중심이 아니라 과업을 중심으로 학습 스케줄을 조절하되, 아이의 능력을 고려한 학습량을 제공해야 한다. '매일 30분 동안 수학 문제 풀기'가 아니라, 자녀가 30분을 소요할 만큼의 문제를 제시하는 것이다. 처음에는 부모가 학습량을 정해 주다가 어느 정도 습관이 되면 아이 스스로 목표를 정하고 이룰 수 있도록 격려하고 점검해 주자.

또한 아이가 매일 주간 학습 계획과 일일 학습 계획을 노트에 기록할 수 있도록 지도하라. 매주 일요일 저녁에는 다음 주에 공부할 내용을, 매일 밤에는 다음 날 학습할 내용을 적는 것이다. 계획표에는 '꼭 해야 할 것'과 '하고 싶은 것'을 구분해서 기록하게 하는데, 이는 공부의 우선순위를 정하는 매우 중요한 과정이다.

계획을 세울 때 주의할 점은 목표를 무리하게 잡지 말아야 한다는 것이다. 욕심을 부리면 작심삼일로 끝나 버릴 수 있으므로 계획은 실현 가능한 분량만을 정해서 매일 성취감을 느끼며 학습의 재미를 붙이도록 지도해야 한다. 계획은 월요일부터 토요일까지만 세우는 것이 좋다. 주중에 세운 목표를 모두 달성했다면 일요일에는 충분한 휴식을 통해 재충전하고, 달성하지 못한 부분이 있다면 보충할 기회로 삼을 수 있기 때문이다.

계획표를 작성한 뒤에는 옆에 O, X를 표시할 수 있는 칸을 만들어 스스로 점검하도록 한다. 만약 계획을 지키지 못했다면 왜 그랬는지 이유를 간단히 적도록 지도하자. 이는 자기반성과 격려의 역할을 하고 반복되는 실수를 줄이는 전략이 되기도 한다.

다음은 주간 학습 계획과 일일 학습 계획의 예다.

〈축복이의 주간 학습 계획-7월 둘째 주〉

작성일: 7월 8일(둘째 주 일요일)

☆꼭 해야 할 것

1. 문제집 30~45쪽 풀기 (X) 목표를 너무 높게 잡았다.
2. 영어 동화책 읽기 (O) 목표 달성
3. 운동하기 (X) 게으름을 피우고 시간 활용을 잘 못했다.
4. 학교 숙제하기 (O) 목표 달성

★하고 싶은 것

1. 인라인스케이트 타기
2. 보드게임하기

〈예원이의 일일 학습 계획-7월 12일〉

작성일: 7월 12일

☆꼭 해야 할 것

1. 40분 동안 학교 숙제하기 (O) 목표 달성
2. 40분 동안 수학 문제집 30~33쪽 풀기 (X) 게으름을 피우다가 다 하지 못했다.
3. 30분 동안 영어 동화책 10쪽 이상 읽기 (O) 목표 달성
4. 30분 동안 일기 쓰기 (O) 목표 달성
5. 20분 동안 운동하기 (△) 시간 분배를 잘못해서 10분밖에 못했다.

★하고 싶은 것

1. 30분 동안 동화책 읽기
2. 20분 동안 텔레비전 시청하기
3. 30분 동안 컴퓨터게임하기

위의 사례처럼 일일 학습 계획을 세울 때는 '수학 문제집 풀기' 보다는 '수학 문제집 30~33쪽 풀기'와 같이 구체적으로 작성해야 한다. 정해진 시간에 집중력을 가지고 공부하기 위한 지침이다. 또한 공부를 시작한 시각과 마친 시각을 적으면서 다소 긴장감을 가져야 효율적인 학습이 가능하다. 정해진 시간 내에 공부를 마쳤다면 휴식 시간을 조금 길게 가지고, 정해진 시간 내에 끝내지 못했을 경우 5~10분의 추가 시간을 가지고 마무리하도록 한다. 어려운 문제는 질문 노트에 옮겨 적은 뒤 나중에 피드백을 받을 수 있도록 하고, 보충은 일요일에 하면 된다.

그러나 저학년 학생에게는 자신의 학습을 계획, 조직, 실천, 반성하는 것이 어려울 수 있다. 따라서 저학년 자녀를 둔 부모는 적당한 계획을 세워 아이에게 제시한 뒤 체크리스트를 통해 실천하도록 하는 것이 효과적이다.

예원이의 주간 학습 계획

월요일	화요일	수요일	목요일	금요일	토요일
학교 숙제 (40분)					
수학 2문제 (20분)	수학 2문제 (30분)	수학 2문제 (20분)	수학 2문제 (30분)	수학 2문제 (20분)	한국어 동화 1권
공놀이, 배드민턴, 줄넘기, 그림 그리기 등 예체능 활동 (20분)					영어 동화 1권
인터넷 화상 영어 (40분)	한자 학습, NIE (40분)	인터넷 화상 영어 (40분)	한자 학습, NIE (40분)	인터넷 화상 영어 (40분)	보충학습
독서 (45분 이상)					

제시된 표는 하나의 예시일 뿐이므로 자녀의 특성에 맞게 학습량과 내용, 시간을 조절해서 활용하면 된다.

또한 자녀에게 아래와 같은 점검표를 제공해 실천하지 못했을 때는 스스로 반성하게 하고 잘했을 때는 칭찬해 주자. 이를 통해 아이는 반복되는 자신의 실수와 잘못된 습관을 깨닫고 고치려는 노력을 할 것이다.

요한이의 자기 점검표

요일	월요일	화요일	수요일	목요일	금요일	토요일
학교 숙제	O	O	△	O	X	
수학 학습	△	O	O	X	△	
예체능 활동	X	△	O	O	X	
선택 학습1	O	X	X	△	O	보충학습 내용 목요일에 풀지 못한 수학 문제 다시 풀기
선택 학습2	O	O	△	X	X	
독서	X	O	△	O	O	
칭찬할 점	스스로 신나게 공부한 것.	피곤했지만 꾹 참고 숙제 마친 것.	일찍 일어나서 부지런히 공부한 것.	힘들어도 운동 열심히 한 것.	책 한 권을 다 읽은 것.	읽은 책 제목 1. 《머리에서 자라는 풀잎》 2. 《Magic School Bus》
반성과 다짐	과제를 끈기 있게 마치지 못했다. 내일은 오늘보다 더 열심히 파이팅♩♩	어제 늦게 자서 오늘 온종일 졸렸다. 오늘은 꼭 일찍 자야겠다.	화상 영어 복습을 하지 않아서 다 까먹었다. 꾸준히 하자. 아자아자♩	수학 문제가 너무 어려워서 못 풀었다. 질문 노트에 적었다가 내일 선생님께 여쭤 봐야겠다.	알림장을 안 가지고 와서 학교 숙제를 하지 못했다. 이제 꼼꼼히 챙겨야지♩	

아이가 목표를 세워 도전하고 있다면 부모는 끊임없는 관심은 물론 칭찬을 아끼지 말아야 한다. 감시의 시선이 아닌 격려의 눈빛으로 아이가 계획을 실천할 수 있도록 북돋아 주자. 주중에 아이가 계획표대로 성실히 생활했다면, 토요일에는 평소에 아이가 하고 싶어 했던 활동을 하도록 허락함으로써 보상을 해 주면 동기부여가 된다.

간혹 자녀가 계획을 지키지 못할 수도 있다. 이럴 때는 잘못한 것에 연연하기보다는 성실히 계획을 지킨 것을 칭찬하는 것이 현명하다. 주중에 시간이 부족해서 다 하지 못한 분량은 토요일이나 일요일 보충 학습 시간을 이용해 끝까지 해결하도록 지도해야 한다. 학습이 미루어지거나 지나치게 많은 양에 아이가 지레 포기하지 않도록 격려해 주는 것도 부모의 몫이다. 이처럼 체계적으로 계획한 학습은 시너지 효과를 일으키게 된다. 학습 자체가 일상의 한 부분이 되도록 하는 것과 앎의 즐거움과 배움의 기쁨을 느낄 수 있는 환경을 만들어 주는 것이 중요하다.

어른의 입장에서 보면 초등학교 공부는 당연히 쉽게 이해할 수 있는 내용으로 이루어졌다. 그러나 그런 어른들에게도 구구단 하나 외우지 못해 끙끙대고, 나눗셈 문제를 놓고 전전긍긍하던 유년 시절이 있었다. 그러므로 자녀가 쉬운 문제도 제대로 이해하지 못한다고 속상해할 필요는 전혀 없다. 아이는 고학년으로 올라갈수록 신체적으로 성장함은 물론, 정신적·지능적으로도 성숙해 간다. 그러나 개개인의 발달 속도와 능력에는 차이가 있으므로 부모는 이를 인정하고 자녀의 학습 상황을 지켜보는 태도가 필요하다.

부모가 아이를 지도하는 과정에서 명심해야 할 것은 '타이밍'이다. 아이가 문제를 풀다가 오답을 체크했을 때 부모가 그 즉시 "그게 아니지, 틀렸잖니"라며 수정하려고 하면 아이는 불안한 마음에 자유롭고 창의적인 사고를 할 수 없다. 충분히 생각할 수 있는 시간을 주며 기다렸다가, 아이가 답을 완전히 결정한 뒤에 정정해 주어도 늦지 않다. "어떻게 문제를 풀었니?"라고 질문을 던져 아이의 생각을 먼저 듣고 바른 방향으로 이끌어 주는 것이 중요하다. 몇몇 부모들은 아이를 다그치며 급하게 학습 목표에 도달하려는 경향이 있다. 그러나 여유로운 마음으로 즐겁게 공부할 때 학습 능률도 오른다는 사실을 기억하라.

03 우리 아이 시험 준비, 어떻게 도와줄까?

"살아가는 데 기초가 되는 내용이 초등 교과 내용입니다.
1등이 중요한 것은 아니지만, 배운 내용을 정리하고,
다음 학습에 부담이 되지 않도록 점검해 보는 것이
시험의 의미라고 생각합니다.
할 수 있는 한, 최선을 다해 보는 것도 또 하나의 공부이고요."

학교 시험을 앞두고 학급 커뮤니티에 올린 글의 일부다. 초등학교와 시험은 어쩌면 어울리지 않는 면이 있다. 초등학교는 기초, 기본,

인성을 중요하게 다루는 데 비해 시험은 경쟁, 서열을 떠올리게 하기 때문이다.

학교마다 조금씩 차이는 있지만, 초등학교에서 시험의 의미는 많이 변화했다. 이렇게 학교와 교육 제도는 바뀌고 있는데, 학부모는 아직 그렇지 않다는 생각이 들 때가 있다. 교실에서 보는 평가에 굳이 석차를 매기거나 기록하지 않게 된 지 한참 되었는데, 아직도 자녀가 반에서 몇 등인지를 묻는 부모들이 있다.

물론 부모로서 자녀의 성적이 어느 정도인지 궁금할 수는 있다. 하지만 요즘의 초등학교 시험은 대개 이렇다. 받아쓰기 시험에서 다 맞은 아이는 누구나 100점, 하나 또는 두 개 틀린 아이는 90점이다. 문제 자체가 별로 어렵지 않기 때문에 그 밑으로는 그리 많지 않다. 이런 경우 1등은 누구라고 이야기해야 하는가? 설령 그것이 누구라 한들, 그리 의미가 있는 것인가? 이것으로 아이를 다그칠 가치가 있을까? 중학교 입학을 앞둔 5~6학년이 아니고는 많은 경우 초등학교 시험의 수준이나 성취도가 이렇게 평가된다. 2017학년도부터 1학년 내내 받아쓰기 시험을 보지 않는 추세다. 불필요한 시험들도 많이 축소되었다.

물론 아직도 중간고사, 기말고사를 실시하는 학교도 있고, 때때로 수행평가가 진행된다. 모든 시험에 있어 가장 중요한 것은 역시 '태도'다. 시험에 별 의미를 두지 않는 것도, 지나치게 큰 의미를 두어 필요 이상으로 긴장하거나 경쟁하는 것도 옳지 않다. 따라서 부모는 아이가 시험의 의미를 정확하게 이해할 수 있도록 도와야 한다.

"시험은 우리 주영이가 지금까지 배운 것을 얼마나 잘 이해하고 있는지를 알아보는 거야."

초등학생에게 시험은 공부 방법과 자세를 습관화하고 공부에 대한 동기부여를 하는 좋은 기회다. 시험은 현재의 능력을 테스트하는 것뿐, 그 이상도 이하도 아니다. 부모는 이를 기억하고, "이런 점수 받아서 앞으로 어떻게 할래?" 등의 과장된 해석과 아이에게 상처가 될 만한 말을 삼가야 한다.

학교 현장에서 교사의 시각으로 바라보면, 학생들은 시험에 대해 극심한 두려움을 느끼고 있다. 언제부터인가 시험은 본래 취지에서 벗어나 비교와 경쟁의 매개가 되어 버렸다. 그러나 적어도 초등교육에 있어서만큼은 시험이 상대평가가 아닌 절대평가다. 성적순으로 줄을 세우기 위한 시험이 아닌, 배운 것을 얼마나 이해하고 있는지를 평가하는 척도일 뿐이다. 따라서 시험으로 인해 자녀가 힘들어져서는 안 된다.

한편 시험의 긍정적인 측면도 있다. 아이들이 얼마나 착실히 공부해 왔는지 학습의 결과를 교사나 부모뿐 아니라 스스로도 확인할 수 있으며, 자신의 행동과 습관을 반성할 기회도 얻을 수 있다. 학습 계획과 실천, 목표 성취, 시험에 임하는 자세, 그리고 시험 후의 긍정적인 피드백이 중요하다. 의사가 환자를 진찰할 때 어느 한 부분이 아니라 다양한 검사를 통해 적절한 처방을 하는 것처럼, 학생들을 지적인 영역에서 보다 정확히 진찰하기 위해 시험을 실시하는 것이다.

좋은 태도, 좋은 습관이 형성되기까지는 많은 칭찬과 보상이 따라야 한다. 시험 결과가 만족스럽지 않을 때 자녀가 '자신의 노력이 부족해서 이러한 결과를 얻었다는 사실'을 이해하도록 교육하는 것이 중요하다. 운이 없어서, 또는 머리가 나빠서 등의 외부 요인을 시험 실패의 원인으로 꼽는 아이들은 좋지 않은 성적에 대해 낙심하고 이후 시험에 임하는 태도가 부정적으로 변할 수 있다.

자기 나름대로 계획을 세우고 열심히 노력한 자녀에게는 충분한 칭찬과 격려가 필요하다. 보상의 하나로 '소원카드'를 사용하는 것도 좋다. 소원카드는 아이가 스스로 세운 목표를 향해 성실히 준비해서 목표에 도달하면 부모가 발급하는 카드다. 자녀가 소원카드를 잘 간직하고 있다가 필요한 순간에 내밀며 원하는 소원을 이야기하면 부모는 그것을 들어주어야 한다. 단, 그것이 물건이라면 학습에 도움이 되는 것이어야 하며 지나치게 사치스러운 것은 피한다.

초등학교 아이들은 아직 내적 동기보다는 외적 동기에 마음이 움직일 나이다. 따라서 저학년일 때는 외적 동기를 적절히 활용해 아이의 학습 능력을 고취하고, 고학년으로 갈수록 내적 동기의 비중이 높아질 수 있도록 공부의 중요성이나 성취감, 즐거움 등에 대해 지도해야 한다.

다음은 자녀가 시험을 효과적으로 준비하고 치르도록 돕는 4단계다. 처음에는 부모가 단계별로 시험을 준비할 수 있도록 도와주고, 차차 아이가 스스로 할 수 있는 분위기를 만들어 준다.

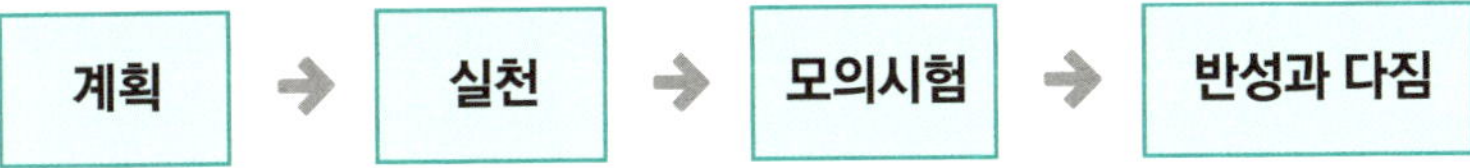

1. 계획

시험일 2~3주 전쯤 자녀와 함께 시험 범위를 확인하고 공부할 분량과 방법을 정한다. 지나치게 많은 분량과 빡빡한 일정은 아이에게 부담이 될 수 있다. 일주일에 이틀 정도는 공부 분량을 배정하지 않고 여유를 두는 것이 좋다. 나중에 학습 계획에 차질이 생겼을 경우 따로 공부할 시간을 할애하기 위해서다.

2. 실천

앞서 계획한 것을 표로 작성해 매일 체크하면서 실천하는 단계다. 부모는 자녀가 계획에 맞춰 공부하고 있는지 점검하고, 만약 일정이 틀어질 경우 수정을 통해 계속 실천하도록 유도한다. 계획을 지키지 못했다고 포기하는 것이 아니라, 마지막까지 꼭 해 보겠다는 집념을 심어 주는 것이 중요하다. 아이가 학습 전략을 가지고 공부에 임하도록 부모가 옆에서 조력자가 되어 주자.

3. 모의시험

시험을 하루 또는 이틀 앞두었을 무렵, 마치 실제 시험처럼 시간을 정해 놓고 모의시험을 시행한다. 이때 문제집을 활용하면 편리하다. '연습을 실전처럼, 실전을 연습처럼'이라는 말처럼 자녀가 진지하게 시험에 임하도록 하고 실제로 채점도 해 본다. 시험의 감각을 높이고 실수는 줄이며 시험 전략을 세울 수 있는 효과적인 단계다.

4. 반성과 다짐

시험을 마친 후에는 반드시 자녀가 주도적으로 이야기할 수 있는 시간을 주고 기다려야 한다. 많은 부모가 처음부터 끝까지 충고와 잔소리를 쏟아 내곤 한다. 그보다는 아이에게 이번 시험을 치르면서 가장 보람 있었던 점, 힘들었던 점, 계획대로 실천하지 못한 이유, 자신에게 칭찬할 점, 앞으로의 각오와 다짐 등에 대해 함께 대화를 나누는 것이 좋다. 이때 부모는 샌드위치 기법을 이용해 칭찬-충고-칭찬의 순서로 아이에게 하고 싶은 말을 구체적으로, 그리고 간단하게 해 주면 된다. 아이가 하는 말을 잘 듣고 메모장에 따로 기록하는 것도 좋다. 아이가 스스로 하는 생각을 잘 정리해 두었다가 훗날 보여 주면 그때의 실수와 반성을 기억하고 더 나은 시험 전략을 세울 수 있기 때문이다.

부모가 명심해야 할 부분은 시험 점수가 실망스럽고 안타까워도 자녀에게 자신감과 희망을 주어야 한다는 점이다. 점수는 시간이 지나면 잊히지만, 성적 때문에 부모에게 받은 상처는 아이들의 마음에 오래 기억되므로, 자녀를 늘 기다리며 지지해 주는 인내가 필요하다.

초등학교의 시험은 주로 배운 내용을 테스트하는 수준이므로 교과서와 학교에서 배부된 학습지가 중요한 자료가 된다. 또한 기출문제는 시험문제의 유형을 파악할 수 있는 좋은 자료니 참고하자.

학교에서 아이들이 시험을 치르는 과정과 결과를 지켜보며 필자가 가장 우려하는 부분은 '엄마표 100점'을 받는 학생이 많다는 사실이다. 즉 자녀가 고득점을 얻기 위해 엄마가 나서서 온갖 방법을 동원하고 아이를 다그쳐서 만점을 만들어 내는 것이다. 결과만 보면 아이의 노력은 칭찬받기에 충분하다. 그러나 이는 커다란 모래성과 같은 점수라는 사실을 기억하자. 당장은 대단해 보일지 모르지만 시간이 지나면 쉽게 허물어지는 큰 의미가 없는 점수다.

엄마의 강요에 의한 학습은 지속되기 힘들고, 이러한 과정이 계속되면 자녀는 엄마의 지시에 의한 '학습 노동자'가 되고 만다. 처음에는 부모와 함께 공부했더라도 시간이 지나면서 조금씩 아이가 주도적으로 학습할 기회를 주어야 한다. 시행착오를 겪으면서도 아이는 스스로 효과적인 학습법을 찾을 수 있고, 실패를 통해 배우는 교훈도 분명 존재한다. 성공은 많은 실패를 통해서도 얻어지는 법이다.

다음에 소개하는 효과적인 과목별 공부 방법을 자녀와 함께 적용하고, 자녀기 스스로 학습할 수 있도록 유도하자.

효과적인 과목별 공부 방법

국어 시험

먼저 교과서에 소개된 글을 여러 번 읽고 내용을 충분히 파악하는 것이 중요하다. 뜻을 모르는 단어는 파악해서 정리하고, 글의 주제도 살펴야 한다. 본문을 충분히 이해한 다음에 문제집을 통해 실전 연습을 하는 것이 보다 효과적이다. 최근에는 서술형 문제가 증가하는 추세인 만큼 객관식 문제도 서술형으로 바꾸어 써 보게 하는 작업도 필요하다. 틀린 문제는 반드시 체크하고 한 번 더 풀어 보도록 한다.

수학 시험

수학은 개념과 원리 파악이 우선이다. 예를 들어, '분수'에 대해 배운다면 분수는 '부분(Part)과 전체(All)'라는 기본적인 개념을 먼저 잡은 뒤에 문제에 접근해야 한다. 수학적인 의사소통 능력을 신장시키기 위해서 문제를 풀기 전에 어떻게 해결점을 찾으면 좋을지 부모와 자녀가 함께 이야기를 나누는 것도 효과적이다.

개념이 잡힌 뒤에는 수학책과 수학 익힘책에서 기본 문제를 풀고, 문제집의 단원평가를 통해 실력을 확인한 후 틀린 문항과 비슷한 연습 문제를 보충해 풀도록 한다. 문제집이 여러 권 있다고 모든 문제를 다 푸는 것은 비효율적인 방법이다. 특히 이미 알고 있는 문제나 단순한 문제를 여러 차례 반복해서 푸는 것은 학습 능률 저하나 무기력감을 가져올 수도 있다. 따라서 단원 평가를 통해 자주 실수하거나 개념을 이해하지 못한 부분을 파악해 그 단원의 기본 문제를 다시 풀도록 하는 것이 좋다. 틀린 문제를 체크해서 오답 노트를 만들어 두었다가 시험이 임박했을 때 오답 노트만 다시 한 번 푸는 것도 좋은 방법이다.

사회 시험

사회는 교과서에 수록된 사진과 표를 꼼꼼히 보고, 어떠한 현상이 발생하게 된 원인에 대해 부모와 자녀가 함께 이야기를 나누며 정리하는 것이 좋다. 문제집이나 백과사전, 인터넷 등을 통해 사건이나 현상에 관련된 자료를 찾아 내용을 보충해 나가며 공부하는 것이 능동적인 학습법이다.

처음부터 암기만 하는 태도는 바람직하지 않다. 우선 자료를 찾아 읽고 핵심을 파악한 뒤 문제집을 통해 정리하는 것이 좋다. 어려운 용어가 있으면 찾아서 정리하고, 사건을 이야기로 풀어서 말하거나 퀴즈 형식으로 공부하는 것도 효과적이다.

과학 시험

교과서에 나오는 간단한 실험은 가정에서 다시 한 번 해 보며 복습하면 큰 도움이 된다. 여건이 허락되지 않는다면 인터넷을 찾아 관련 실험 영상을 보며 실험에 필요한 도구, 순서, 원리, 결과 등에 대해 스스로 내용을 정리해 보는 것이 좋다. 과학적인 개념이 제대로 잡혀 있는지 체크하고, 잘못 알고 있는 것이 있다면 반드시 바로잡아야 한다.

04 책 읽는 아이로 만들고 싶다면

독서는 아무리 강조해도 지나치지 않는다. 특히 '읽기 능력'은 초등학교 교육의 기본이다. 아이는 다독(多讀)을 통해 어휘력과 이해력을 향상할 수 있고, 자연스럽게 학교 성적에도 좋은 영향을 미치게 된다.

자녀의 독서 지도는 아이가 어릴 때부터 가정에서 시작하는 것이 좋다. 아이들은 놀면서 배우기 마련이다. 어린 시절부터 당연한 일상처럼 책을 읽는 훈련이 된 아이들에게는 따로 독서 지도가 필요 없을 정도다. 부모는 자녀가 책 읽는 것을 습관화하도록 다방면에서 신경을 써야 한다. 이 장에서 부모의 효과적인 독서 지도 전략을 소개한다.

초등학교 저학년 자녀는 우선 책과 친해지게 하는 것이 중요하다. 책을 장난감 삼아 놀고, 책에 낙서를 하고, 책의 그림만 넘겨 봐도 무조건 칭찬하자. 이 시기는 '책이 참 재미있는 것이구나'라는 생각을 아이 스스로 가지도록 돕는 단계다. 부모가 소리 내어 읽어 주기, 아이가 큰 소리로 읽기, 부모와 자녀가 한 줄씩 번갈아 가며 읽기, 아이가 소리 없이 읽기 등 변화를 주며 재미있게 독서를 하면 효과가 좋다. 만화, 소설, 동화 등 분야에 상관없이 어떤 책이든 호기심을 가지고 집중력 있게 독서를 즐길 수 있도록 돕는 것이 좋다.

부모는 아이가 올바른 독서 습관을 가질 수 있도록 최선의 노력을 해야 하는데, 특히 텔레비전과 컴퓨터를 멀리하고 책에 흥미를 가질 수 있도록 인형극, 성대모사, 표정 연기, 역할 놀이 등 책을 이용한 다양한 활동을 추천한다.

책 읽기를 즐기는 아이로 키우기 위해 가장 강조하고 싶은 내용을 하나만 고르자면 '책 읽어 주기'를 추천하고 싶다. 눈으로 글을 읽기는 하는데 그 의미가 잘 이해되지 않는 경우를 어른들도 경험해 보았을 것이다. 젓가락질이나 두발자전거 타기처럼 책을 읽는 것도 어린아이들에겐 방법을 숙달하고 익숙해질 수 있도록 연습이 필요한 활동이다. 언어의 자의적인 특성을 고려할 때, 문자로 된 글을 소리로 읽고 그것이 어떤 의미인지 연결해 인지하는 능력은 아이들에게는 두발자전거만큼이나 새로운 '기술'에 해당한다. 이것을 자연스럽게 연습할 수 있도록 해 주는 것이 바로 '책 읽어 주기'다.

책을 읽어 주는 좋은 방법은 가능하면 '같은 장소'에서, '꾸준히' 읽어 주는 것이다. 편안함을 느끼는 시공간일 때 가장 잘 받아들일 수 있기 때문이다. 잠들기 전 하루에 15~20분 정도 책 읽어 주기를 꾸준히 실천해 보기를 권한다. 아이가 고른 책과 부모가 읽어 주고 싶은 책을 적절히 섞어 읽어 주면 된다. 전문가들은 아주 어렸을 때부터 중학교 입학할 때쯤까지도 책을 읽어 줄 필요가 있다고 한다. 책 읽어 주기는 아이들에게 책에 대한 재미를 알게 해 줄 뿐 아니라, 본인이 직접 읽을 때보다 들을 때 이해가 훨씬 잘되며, 아이와 부모 사이에 공감과 소통을 높여 주는 역할도 한다.

1, 2학년 아이들의 경우, 부모와 함께하는 독후 활동을 통해 책의 내용을 잘 이해하고 기억하는지 확인하는 과정을 갖는 것이 좋다. 예를 들어 《흥부와 놀부》를 읽었다면 "흥부는 누구의 다리를 고쳐 주었지?" "흥부가 놀부에게 쌀을 얻으러 갔을 때 놀부는 어떻게 했지?" 등 사실적 이해 능력 확인에 초점을 둔 질문을 하는 것이다. 차

차 이 활동에 익숙해지면 "만약 보영이가 흥부였다면 제비의 다리를 고쳐 주었을까?", "연준이가 만약 놀부였다면 흥부가 찾아왔을 때 어떻게 했을까?" 등 상황을 제시하고 아이의 상상력을 자극하는 질문도 좋다.

때로는 문화센터에서 개설되는 어린이 독서토론회나 토의교실에 참여해 한 권의 책을 읽고 여러 친구들과 생각을 공유하는 기회를 가지는 것도 효과를 얻을 수 있다. 자신의 생각을 정리하고 발표하는 과정을 통해 사고력을 확장할 수 있고, 다른 친구들의 의견을 들으며 자신은 미처 발견하지 못했던 부분에 대한 탐구도 할 수 있게 된다.

자녀가 3~4학년이라면, 부모는 아이가 지속적으로 독서에 관심을 가질 수 있도록 스토리텔링, 손 인형극 등의 다양한 방법으로 자극을 주어도 좋다. 그리고 대형 서점을 함께 방문하거나, 책의 내용과 관련된 연계 활동, 테마 여행, 관련 영화 관람 등을 함께하며 '독서 동기 부여자'가 되어 보자.

고학년으로 올라가면 만화책보다는 글이 많은 책을 읽히고, 고전이나 한국사, 세계사, 초등 교과서, 나아가 중학교 교과서와 연계된 책을 읽을 수 있도록 지도하는 것이 좋다. 부모는 자녀가 자기주도적인 독서를 할 수 있도록 지지자로서의 역할을 하면 된다. 아이의 호기심을 자극하고, 독서를 통해 습득된 지식에 많은 칭찬과 격려를 보냄으로써 독서가 좋은 습관으로 자리 잡도록 돕는 것이다. 이 시기에는 각종 독후감 대회, 글짓기 대회 등에 참여하여 글을 읽고 다듬고 정리하는 과정이 아이의 독해력, 문장력, 글쓰기 능력 향상에 도움을 준다. 또한 한국사능력검정시험(www.historyexam.go.kr) 등의 구체적인 목표를 두고 독서하는 것도 좋은 동기부여가 될 것이다.

고학년의 책 읽기는 부모가 먼저 읽은 책을 아이에게 권한 뒤 함께 이야기를 나누는 방식을 추천한다. 이 시기의 아이들에게는 말로만 재촉하는 독서 교육이 오히려 역효과를 낼 수 있으니 부모가 행동으로 보여 주며 분위기를 만드는 것이 효과적인 독서 교육임을 명심하라.

책을 고르는 기준은 교과서와 연계된 독서, 그리고 아이가 관심 있는 분야의 독서 비율을 6대 4로 유지하는 것이 좋다. 즉 국어, 수학, 사회, 과학 등 주요 과목에 제시된 내용을 심화, 보충해 줄 수 있는 책을 권하는 것이다. 그리고 한 달에 한 번쯤 대형 서점을 방문하여 아이가 읽고 싶어 하는 책을 직접 골라 읽을 수 있도록 하면 건강한 독서 습관을 지닐 수 있다.

독해력, 어휘력, 문장 이해력, 사고력 등 아이의 독서 능력을 종합적으로 파악하기 위해 한두 번 정도는 각종 기관의 독서 관련 능력을 테스트하는 것도 좋다. 국어능력인증시험은 아이의 독해력, 논리사고력, 어휘력, 문장이해력 등을 종합적으로 평가하는 시험으로, 초등학생들에게는 다소 어렵지만 독서 능력이 우수한 고학년 학생이라면 도전해 볼 만하다. 문제는 독해력에 초점을 둔 것들이 대부분이며, 단어를 이용한 짧은 주관식 문제도 출제된다. 자세한 내용은 웹 사이트(www.tokl.or.kr)에서 확인할 수 있다.

한우리 독서토론논술의 NRI 독서종합검사, 교보문고의 READ 검사 프로그램 등을 이용하는 것도 하나의 방법이다. 테스트를 통해 평소 독서 습관과 태도를 점검하고 독서 능력에 대한 적절한 피드백을 통해 향후 독서 전략을 세울 수 있다. 하지만 어떠한 테스트든지 '우리 아이는 몇 점짜리'라는 절대적인 지표로 여기는 것은 상당히 위험한 발상이다. 단지 현재의 상황을 진단하는 하나의 참고 자료로 생각하면 된다.

다음은 MBC 다큐멘터리 〈성공시대〉에서 방영된 이야기다. 시골의 한적한 마을에서 위대한 인물이 나왔는데, 그의 성공 요인은 바로 책으로 꾸며진 거실과 방, 그리고 편안한 독서 분위기였다고 한다.

우리 아이들은 하교 후 집에 와서 가장 먼저 무엇을 하는지 돌아보라. 컴퓨터 전원을 켜거나, 냉장고 문을 열거나, 또는 텔레비전 앞에 앉지는 않는가. 자녀를 이웃집 아이들과 비교하기 전에, 먼저 가정에 책을 보고 싶은 편안한 공간과 분위기가 연출되었는지 확인하라. 마음가짐도 물론 중요하지만, 그러한 마음을 만드는 것은 바로 환경이다.

거실을 아담한 북카페로 만들면 아이는 자연스레 책에 몰입할 수 있다. 다양한 분야의 책들로 가득한 커다란 책장과 조용한 음악, 적당한 밝기의 조명, 안락한 자리가 필요하다.

책이 너무 빽빽하게 꽂혀 있으면 책을 꺼내고 넣기가 쉽지 않으므로 적당히 여유를 둔다. 아이의 키가 작다면 작은 사다리나 지지대를 마련해 어느 곳에 있는 책이든 쉽게 꺼낼 수 있도록 한다. 책장에는 부모가 선정한 책과 아이가 고른 책을 절반씩 배치하고, 한 달 내지 두 달에 한 번씩은 책의 위치와 종류를 바꾸어 분위기를 환기시킨다. 매번 책을 새로 구입하는 것이 부담스러울 수 있으니 동네 도서관에서 대여하거나, 주위 친구들과 책을 교환해서 읽는 것도 좋은 방법이다.

바닥에는 부드럽고 따뜻한 카펫이나 매트를 깔고, 포근한 방석과 쿠션을 준비해 아이가 편안한 자세로 독서할 수 있도록 하라. 아이의 몸에 맞춘 작은 테이블과 의자를 갖춘다거나 가구의 색깔은 밝고 경쾌한 느낌의 원색(노랑, 빨강, 파랑)을 사용해 자녀의 창의성과 상상력을 자극하는 것도 좋다. 조명은 눈에 부담이 없는 적당한 조도로 조절하고, 아이들이 좋아할 만한 디자인의 스탠드를 테이블에 비치하는 것도 바람직하다.

독서로 지친 눈이 자연의 색으로 잠시 휴식할 수 있도록 녹색 식물이나 어항을 두는 것도 좋다. 때에 맞춰 간식을 준비해 주면 아이는 더욱 즐겁게 독서할 수 있다. 즉, 책과 어울려 시간 가는 줄 모르고 즐겁게 독서삼매경에 빠질 수 있는 공간을 조성해 주면 된다.

책을 좋아하는 기본적인 독서 습관이 어느 정도 자리 잡혔다면, 적극적이고 체계적으로 책 읽기를 관리해 줄 수 있는 방법을 소개하고자 한다. 다음에 나올 내용들은 필수는 아니지만, 자녀의 독서 활동을 확인할 수 있는 보다 깊이 있는 방법이라고 생각하면 된다. 아이가 다독할 수 있도록 늘 옆에서 자극하고, 편독을 방지하기 위해 집에 표와 그래프를 게시하는 것도 좋다.

월별 독서량 그래프에는 아이가 책을 읽을 때마다 스티커를 붙여 주되, 책의 종류에 따라 스티커의 모양을 달리한다. 동화책은 ★, 위인전은 ○, 과학도서는 ▲, 영어도서는 ♡, 수학도서는 ◆ 등으로 표시해 여러 분야의 책을 읽을 수 있도록 장려하기 위한 전략이다. 이 표를 눈에 잘 띄는 곳에 붙여 아이가 항상 보게 하고 자극을 주는 것만으로도 큰 동기부여가 된다. 더불어 자녀가 일정 부분을 잘 지켜 임의로 세운 목표에 도달했다면, 아이가 갖고 싶어 하던 장난감을 사 주는 식으로 보상해 주는 것도 좋다.

책을 읽은 후 독후 활동을 강요해서는 안 된다. 독후감이 쓰기 싫거나 부담스러워 오히려 책을 멀리하는 현상이 나타나기 때문이다.

따라서 중요한 부분에 색연필로 줄을 긋게 한다거나, 두세 문장으로 느낌을 짧게 적어 요약 정리하도록 유도하는 것이 현명하다.

아래의 '한 줄 독후감' 표는 책의 제목과 간단한 느낌을 적도록 하는 표로, 아이의 독서 목록을 간략한 포트폴리오로 작성하는 것이다. 자녀가 1~2학년이면 한 줄, 3~4학년이라면 세 줄, 5~6학년이면 다섯 줄 독후감으로 부담 없이 간단한 생각과 느낌을 적도록 하면 아이도 거부감 없이 독후 활동을 할 수 있다.

축복이의 한 줄 독후감

날짜	책 제목	한 줄 독후감
3월 2일	기차 할머니	혼자 여행을 떠나는 주인공, 친절한 할머니에게 감동받았다.
5월 8일	내 짝꿍은 똥 할배	친구를 놀리지 말고 사이좋게 지내야겠다.

책을 읽는 동안에는 곁에 항상 연필을 두고, 마음을 움직이게 하는 글귀나 기억하고 싶은 내용에 밑줄을 그어 표시하게 하라. 책의 여백에 글을 읽으며 느낀 점을 기록하게 함으로써 책과 대화하는 '적극적인 독서 습관'을 가지도록 지도하는 것이 좋다.

필요하다면 자녀가 책을 읽고 독후 활동한 기록을 온라인 프로그램에 남길 수 있는 방법도 있다. 2010년부터 전국 16개 시·도 교육청별로 운영하고 있는 독서교육종합지원시스템 사이트를 활용하는 것이다. 이 사이트에서는 초등학교 1학년부터 고등학교 3학년까지 총 12년 동안의 독서 기록을 포트폴리오로 준비할 수 있다. 초등학생의 경우 퀴즈, 일기, 편지, 만화, 동시 등 다양한 형식으로 독후 활동을 할 수 있는 장이 마련되어 있으며, 한 권의 책에 대해 여러 학생들이 자신의 생각을 주고받으며 토론할 수 있는 공간도 있다. 또한 교과서와 연계된 독서를 할 수 있도록 학년 교과별 연계도서 목록을 제공하여 학생들이 책을 고르는 데 편리한 서비스를 제공한다.

현재 독서교육종합지원시스템이 입학사정관제 및 생활기록부 등의 중요한 자료로 사용됨에 따라 일선 고등학교에서는 대필, 독후감 짜깁기 등의 부작용도 나타나고 있다. 그러나 초등학생들은 입시를 고려하기보다 '나의 평생 독서 습관'을 세우는 마음으로 임하는 것이 바람직하다. 앞으로도 수학능력시험의 개편, 입학사정관제, 내신 비중 확대 등 교육제도는 시대에 따라 빠른 속도로 바뀌겠지만, 꾸준히 준비하고 성실하게 독서한 학생에게는 그 어떤 입시제도에서도 경쟁력이 있는 힘과 능력이 갖춰진다는 사실을 기억하자.

05 선행 학습 vs 복습

교사마다 교육에 대한 견해가 다를 수 있다. 본인의 어릴 적 경험이나 교직에서 만난 학생들이 각자 다르기 때문일 것이다. 필자는 개인적으로 선행 학습이나 혹은 간단히 배울 내용을 접한다는 의미의 예습이 학업 성취에 조금이나마 도움을 준다는 사실에는 동의하는 편이다. 아무래도 새로 배울 내용에 대한 사전 지식이 있으면 이해나 적용이 수월하다고 생각한다.

하지만 학업 성취에 선행 학습이나 복습 중 무엇이 더 효과적인지에 대해서는 자녀의 성향을 보고 학습의 방향을 결정해야 된다고 생각한다. 학생들 중에는 유독 불안이 높고, 새로운 것을 시도하기를 어려워하는 아이들이 있다. 이런 학생들은 주간학습안내의 다음 배울 내용을 들여다보면 확실히 도움이 된다. 일단 내용을 한번 접해 보았기 때문에 '시도해 볼까?' '문제를 풀어 볼까?' 하는 용기가 생긴다.

반면 호기심이 많고 새로운 것을 잘 받아들이는 아이들도 있다. 선생님이 시연하는 내용을 신기한 눈빛으로 바라보며 자기도 선생님처럼 도전해 보고 싶어 한다. 이런 학생들에게는 예습보다는 복습이 더 맞다. 미리 가르쳐 주어서 학습에 대한 기대나 호기심을 꺾는 것보다, 오히려 학교에서 배운 내용들을 가정에서 심화시키고 내재화할 수 있는 복습이 효과적이라고 할 수 있다.

필자의 아이가 초등학교 1학년에 입학할 때는, 아주 어렵지 않은 한글을 읽고 쓰는 것과 숫자 30 정도까지 셀 줄 아는 상태였다. 일반 유치원을 다녔기 때문에 영어는 알파벳을 겨우 구분할 줄 아는 수준이었다. 예습은 이 정도만 해 두었다. 이 외에 동화책을 조금 큰 목소리로 소리 내어 읽을 줄 아는지, 글씨를 다른 사람도 알아볼 수 있게 또박또박 쓸 줄 아는지, 사과 2개가 있는데 3개를 더 가져오면 몇 개인지 답할 줄 아는지를 살펴보았다. 이 정도의 선행 학습으로도 충분했다. 잘 생각해 보면 이것은 교과 내용에 대한 학습이 아니라 학습법이나 개념에 해당한다.

교과서를 따로 구해서 얼마든지 봐 줄 수 있었지만 하지 않았다. 교과서 내용을 미리 살펴보거나 먼저 풀어 보는 것, 주간학습안내를 보고 음악이나 미술 활동들을 익혀 가게 하는 일은 하지 않았다. 왜냐하면 배움에 대한 아이의 '호기심'을 꺾을 것이기 때문이다. 새로운 내용, 처음 접하는 활동들이 재미있지, 집에서 다 해 본 것, 이미 다 아는 것은 분명 시시하다. 처음 교과서를 접한 아이는 매 수업 시간이 신기하고 재미있을 것이다. 선생님의 설명이나 활동 방법을 잘 듣기 위해 호기심 가득한 눈빛으로 귀를 기울일 것이다. 읽고 쓰는 정말 기초적이고도 중요한 내용은 조금 연습이 되었으니 가끔 선생님께 칭찬을 듣기도 했다. 그러면 학교에 다녀온 아이가 학교는 즐거운 곳이라고 이야기했고, 엄마도 그렇게 생각한다며 공감해 주었다.

주위를 둘러보면 필자에게도 당연히 부모로서의 조바심이 있다. 휴직을 하고 학부모로서만 지낸 시간들이 있기 때문에, '무엇을 배우네', '어디를 보내네' 하는 주변 엄마들의 이야기도 다 들었다. 그럼에도 과도한 내용의 선행이 그다지 효과적이지 못하다는 생각을 갖게 된 데에는 교실에서 다음의 몇 가지 안 좋은 경우들을 보았기 때문이다.

준서는 늘 조바심을 낸다. 받아들일 만한 내용보다 늘 먼저, 더 많이 공부해야 했기 때문에 배우는 것이 만만하지 않고 늘 어려웠다. 그러니 공부에 대한 즐거움보다는 걱정이 컸다. 친구들이 어울려 노는 점심시간에 무슨 책과 연필을 들고 돌아다니는 준서를 종종 보았다. 너무 어려운 학원 숙제를 친구들한테 해 달라고 하며 놀이 삼아 다니고 있었다. 지켜보는 교사로서 '아이가 저것을 다 이해할까?' 하는 생각이 들었다. 숙제를 잘해 가니 엄마는 아이가 잘 따라가고 있다고 생각하겠지만, 그 문제들을 풀겠다고 앉아 있던 준서에게서 내가 느낀 것은 답답함과 공부에 대한 거부감, 그냥 이번에도 어떻게든 이 숙제만 넘기고 보자 하는 마음이었다.

이렇게라도 앞선 내용들을 한 번 공부하는 게 어디냐고 생각하는 독자들도 있을 것이다. 문제는 이것들이 공부에 대한 아이의 마음가짐에 큰 악영향을 미쳤다. 해당 학년 수준보다 훨씬 어려운 그 공부들을 못하면 혼이 많이 나는 모양이었다. 아이는 당연히 그것들을 잘해내지 못할까 봐 겁을 냈다. 불안한 마음을 속으로만 앓다 보니 스트레스도 깊어졌다. 점점 시험에 대한 불안이 높아져 갔다. 교실에서 치르는 형성평가에서 가장 좋은 점수를 받기도 했었는데, 학기말 수학 경시대회에서 가장 낮은 성취도를 보였다. 걱정이 되어 물었더니, 시험을 보는데 갑자기 시험지가 하얗게 보이더니 아무 생각이 안 나더라고 했다. 누구보다 밝고 늘 명랑한 아이였는데, 무척 안타까웠다. 이후에 준서의 부모님이 여러 가지 방법으로 학습 불안을 고쳐 보려고 노력하였지만, 그것은 쉽지 않았다. 과도한 학습 부담이 사람에게 정서적으로 심각한 해가 된다는 것을 절실히 느꼈다.

이런 경우도 있었다. 저학년에서 만들기를 하는 시간이었다. 다양한 재료로 마을을 꾸며 보는 활동인데, 창문, 사람 등을 집에서 다 만들어 보고 그냥 붙이기만 하면 되도록 모양을 오려 온 것이다. 아니면 국어 책의 내용을 미리 읽고, 확인해 보는 문제를 먼저 풀고 답을 적어 오는 학생도 있었다. 준비하려는 마음은 알겠지만, 이런 학생들이 그 수업 시간에 어떤 태도를 보일지 한번 생각해 보자. 자신 있게 손을 들고 발표할 것이라고 생각하는가? 어른들의 예상과 달리 아이들의 경우는 그렇지 않다. 새로울 것 없는 그 시간은 지루할 따름이다. 만들기를 먼저 끝내고 돌아다니거나, 문제를 푸는 시간에 옆 친구와 이야기하고 장난친다. 이미 다 했으니 아이 입장에서는 그럴 수밖에 없다. 기본적인 학습법은 연습해 볼 수 있지만, 세세한 내용에 대한 우선 학습은 도움이 되지 않는다.

06 암기보다 효율적인 공부의 기술

아이들은 초등학교 시기 내내 교과 내용을 배우지만, 스스로 학습하는 법을 배우는 기회는 매우 적다. '무엇'을 배우느냐도 중요하지만, 배운 것을 진짜 자신의 지식으로 만들기 위해서 '어떻게' 공부해야 하는지 아는 것은 더욱 중요하다. 즉 학습 전략을 세울 줄 알아야 한다는 뜻이다.

요즘 아이들에게 "공부해라"라고 말하면 아무 대꾸 없이 무조건 암기하려는 모습이 종종 보여 안타깝다. 전체는 이해하지 못하면서 세세한 부분을 외우기만 하는 방법은 바람직한 학습 전략이 아니다.

설정한 목표를 성취할 좋은 방법이 있을 때 우리는 '효과적'이라고 표현하며, 시간과 노력을 적게 들이면서도 좋은 결과를 낼 때 '효율적'이라고 말한다. 시간은 한정되어 있고 공부의 양은 점점 늘어나는 시기에 효과적이고 효율적인 학습 전략은 무척 중요하다. 효율적인 학습을 위해 학생들이 가져야 하는 기술은 다음과 같다.

첫째, 연상법을 생활화해야 한다. 아이가 학교에 다녀오면 수업 시간표가 적힌 종이 한 장을 주며 과목별로 수업 시간에 했던 활동, 배운 내용 등을 간단히 써 보게 하자. 문장이나 간단한 명사, 형용사도 좋다. 자녀는 이러한 활동을 통해 수업 시간에 배우고 느낀 것을 정리할 수 있고, 잘 떠오르지 않는 것이 있으면 자연스럽게 책을 찾아볼 수 있다. 이 활동은 단기 기억에서 장기 기억으로 정보를 이동시키는 기술로, 아이에게 부담이 되지 않도록 10~15분가량만 진행하는 것이 좋다.

둘째, 전체에서 부분으로 학습해야 한다. 아이들이 공부할 때 쉽게 간과하는 부분이 바로 대단원명, 소단원명, 주제, 제목 등이다. 글을 쓸 때, 가장 핵심이 되는 내용을 제목으로 쓰듯, 교과서에서도 가장 강조하고자 하는 내용을 단원명과 제목으로 사용한다. 따라서 학습을 시작하기 전에 먼저 단원의 제목과 소제목을 쓴 뒤에 세부 내용을 공부하면 머릿속에 지식을 체계화할 수 있다. 특히 과학이나 사회 과목은 큰 도화지에 마인드맵(Mind map, 자신의 생각을 지도처럼 이미지화하는 연상법)을 이용해 내용을 한눈에 시각화하여 나타내는 것도 효과적이다.

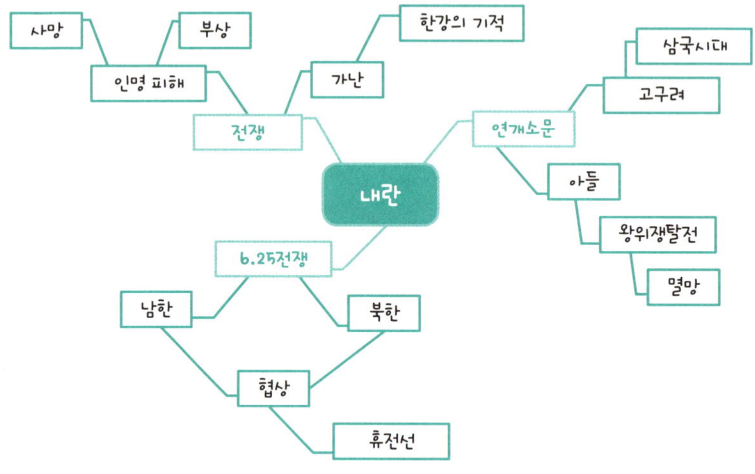

셋째, 학습 후 1분을 소중히 여겨야 한다. 수업이 끝나면 학생들은 마치 썰물이 빠져나가듯 우르르 교실에서 나간다. 그러나 성적이 좋은 아이들은 적어도 30초에서 1분 정도 그 시간에 배운 내용을 훑어본 뒤에야 자리를 뜨는 습관을 지녔다. 가볍게 몸을 푸는 스트레칭은 운동 전뿐만 아니라 운동이 끝난 후에도 피로 회복에 중요한 역할을 한다. 이처럼 수업 전에 하는 준비 공부도 좋지만, 수업이 끝난 직후 1분 정도 다시 훑어본 뒤에, 방과 후 집에서도 배운 내용을 다시 한 번 복습하면 훨씬 효율적이다.

독일의 심리학자인 에빙하우스가 연구한 '망각 곡선 이론 그래프'를 살펴보면 사람은 지식을 습득한 지 10분이 지나면 정보의 약 50퍼센트, 하루가 지나면 30퍼센트 정도밖에 기억하지 못한다고 한다.

그러나 수업이 끝난 직후 1차 복습을 한 뒤 오후에 2차 복습이 이루어지면 망각의 속도를 늦출 수 있다.

에빙하우스의 '망각 곡선 이론 그래프'

넷째, 찾아보는 전략을 가져야 한다. 자녀가 푼 문제집을 채점하고 점수만 확인하는 수단으로 삼으면 안 된다. 틀린 문제의 오답을 체크한 후 왜 틀렸는지 아이가 직접 확인하도록 하는 것이 훨씬 더 중요하다. 이때 틀린 부분을 교과서나 문제집의 이론 정리 부분에 표시해 두면, 다음에 교과서나 참고서를 읽을 때 더욱 꼼꼼히 살피게 된다. 모든 내용을 완벽히 공부할 수 없을 때는 중요한 부분과 실수가 잦은 부분을 집중적으로 공부할 수 있어 효과적이다.

덧붙여 아이들이 국어사전을 적극 활용하도록 권장해야 한다. 교실에서 살펴보면 영어사전 이용률에 비해 국어사전 이용률이 현저히 떨어지는 것을 종종 본다. 그러나 우리말에는 한자어가 많은 비중을 차지하기 때문에 정확한 의미를 파악하기 위해서는 사전을 찾는 습관을 들여야 한다. 교과서나 책에서 모르는 단어가 나오면 정확한 사전적 의미와 문맥적 의미를 한 귀퉁이에 적어 둘 수 있다.

다섯째, 기억 전략법을 지녀야 한다. '태정태세문단세', '빨주노초파남보'가 무엇을 의미하는지 모르는 사람은 없을 것이다. 바로 조선시대 왕들과 무지개 색깔의 순서를 앞글자만 따서 기억하기 쉽게 만든 것이다. 이처럼 꼭 외워야 하는 부분은 아이가 기억하기 쉽도록 전략을 세우는 것이 좋다. 그림이나 기호를 이용해서 외우기, 첫 글자만 따서 외우기, 이야기를 만들어 외우기, 노래를 개사해서 외우기 등의 방법이 있다. 아이들에게 다양한 방법을 알려 주고 아이가 좋아하는 전략을 스스로 터득할 수 있도록 유도하라.

여섯째, 반복 학습이다. 진정한 학습이 이루어지는 순간은 배운 것을 이해하고 기억하며 남에게 설명할 수 있는 때다. 이 과정을 위해서는 꾸준한 반복이 중요하다. 교과서를 반복해서 읽되, 처음에는 중요한 부분에 연필로 밑줄을 긋거나 동그라미로 표시하며 읽는다. 두 번째 읽을 때는 빨간 볼펜을 들고 중요한 부분에 표시해 가며 읽는다. 이때 처음에 연필로 표시했던 부분 위에 빨간 펜으로 중복해서 표시할 수도 있고, 연필 표시와 무관한 다른 부분에 밑줄을 그을 수도 있다. 마지막으로 읽을 때는 형광펜을 들고 중요한 부분을 체크한다. 이렇게 세 차례에 걸쳐 표시하며 읽기를 반복하면 한눈에 중요 내용을 파악할 수 있다.

시간이 지나면 누구나 학습한 것을 잊기 마련이다. 그러나 더 자주 연상하고 복습하며 반복함으로써 자신의 완벽한 지식으로 만드는 사람은 배운 것을 평생 기억할 수 있다. 교과서 또는 문제집을 천천히 넘기면서 중요 개념에 대해서 입으로 중얼거리며 설명해 보는 방법, 문제를 풀면서 내용을 복습하는 방법, 교과서를 처음부터 다시 읽어 보는 방법, 요점을 정리한 뒤 암기하는 방법, 자신이 선생님이 된 것처럼 강의해 보는 방법 등 수많은 반복 학습의 아이디어가 있다. 아이의 성향과 학습 스타일에 맞는 방법을 찾아 권하고, 스스로 선택해서 학습할 수 있도록 배려해 주자. 공부 자체는 즐거울 수 없을지라도 그 과정만큼은 즐거워야 한다.

알찬 방학을 위해 아이들은 많은 계획이 담긴 빽빽한 일정표를 작성하곤 한다. 하지만 며칠도 채 지나지 않아 그 목표들은 올무가 되어 아이들을 구속하고, 스트레스를 준다. 아이들은 아직 자기 통제력이 부족한데, 욕심을 부려 현실과 동떨어진 계획을 세우면 일정표는 결코 도달할 수 없는 목표가 될 뿐이다. 따라서 즐거운 방학을 위해서는 가족 모두의 협력이 필요하다.

방학 전에 자녀에게 '이번 방학 때 꼭 하고 싶은 것', '꼭 해야 하는 것', 그리고 '하지 말아야 할 것'을 구분해서 쓰게 하자. 그런 다음 적은 내용을 토대로 부모와 함께 이야기를 나누면서 목표를 정리하고 이를 공부방과 거실에 붙여 목표를 달성할 수 있도록 온 가족이 도와야 한다. 놀이동산 가기, 스키장 가기 등 아이가 꼭 하고 싶어 하는 것들은 반드시 할 수 있도록 일정을 미리 살펴 두자.

방학 때 반드시 해야 할 일에는 다음과 같은 것들이 있다.

첫째, 다음 학기 또는 다음 학년의 수학 선행 학습이다. 다른 과목보다도 수학은 최소한의 적절한 선행 학습이 필요하다. 가장 이상적인 것은 한 단원 정도 분량이다. 물론 학교 수업의 집중력 저하라든가 기계적 문제 풀이식 접근 등의 부작용이 발생할 수도 있으나, 선행 학습 시 충분한 개념 설명과 원리 탐구를 통해 학습하면 본 수업에서도 이해도를 높일 수 있어 효과적이다. 방학 기간은 학교 수업 때 이해하지 못한 부분을 여유롭게 보충할 수 있는 절호의 기회니

놓쳐서는 안 된다.

둘째, 방학 동안 이루어지는 독서의 핵심은 '연계 독서'와 '오감 독서'다. 다시 말해 지난 학기에 배운 내용, 다음 학기에 배울 내용, 이번 방학 때 여행할 곳에 대한 책을 읽는 것이다. 예를 들어 지난 학기 사회 시간에 고장의 문화재에 대해 배웠다면 방학 때 국내의 다양한 문화재를 소개하는 책을 읽고 방학 기간에 실제로 문화재를 탐방하고 체험하는 시간을 갖는 것이다. 이것은 내용을 이해하는 데에 아주 효과적이고 알찬 학습 방법으로 적극 추천하고 싶다.

대부분 학교에서 방학이 시작되기 전에 다음 학기 교과서를 배부하므로, 자녀에게 받은 교과서를 미리 펼쳐 보도록 하자. 특히 국어 교과서에는 문학 작품의 일부가 수록되기 마련인데, 방학을 이용해 작품 전체를 읽도록 지도하는 것이 좋다.

이상적인 독서 흐름

교과서에 제시된 내용과 관련된 책 읽기

현장 체험, 실험 등을 통해 독서한 내용 직접 경험하기

새롭게 알게 된 내용, 더 알고 싶은 내용에 대한 심화 독서하기

필자는 방학이 되면 학생들에게 다른 숙제보다도 독서 과제를 많이 내준다. 매일 한글 도서 한 권, 영어 도서 한 권을 읽고 부모님께 확인을 받는 과제다. 만약 숙제를 제대로 한다면 방학 기간 내내 아이들은 약 마흔 권 이상의 책을 읽게 되는 셈이다. 이때 부모는 자녀가 읽을 책의 장르가 고루 분포되도록 도서 선정에 도움을 줘야 한다. 수학, 과학, 역사, 문학 등 다양한 분야의 관련 도서를 접하는 것이 좋으며, 영어 도서의 경우 자녀의 수준에 적합한 것을 골라 읽을 수 있도록 배려해야 한다.

방학은 학교에서는 배울 수 없는 새로운 세계를 배울 수 있는 기회의 시간이다. 따라서 아무리 강조해도 지나침이 없는 직접 경험과, 독서를 통한 간접 경험을 최대한 해야 한다. 부모는 자녀 수준에 맞는 다양한 책을 선물해 아이가 편독하지 않고 즐겁게 독서 활동을 할 수 있도록 돕고, 이를 점검해 주면 좋다. 특별한 독후 활동을 매일 할 필요는 없고, 책의 앞쪽에 포스트잇을 한 장 붙여 간단한 느낌을 적은 '한 줄 독후감'을 적도록 하는 것이 바람직하다.

셋째, 일기는 꾸준히 써야 한다. 가족과 여행을 하거나 답사를 하며 보고 느끼고 생각한 것을 기록으로 남길 수 있을 뿐 아니라, 하루하루 생활하면서 스스로를 반성하고 계획하고 다짐하는 중요한 작업이기도 하다. 일기장에 사진이나 티켓 등을 붙이고 자신의 생각을 자유롭게 정리하도록 유도하면 자녀는 보다 즐겁게 일기를 쓸 수 있다.

방학이 끝날 무렵에는 그동안 썼던 일기를 부모님과 함께 훑어보며 아이 스스로 자신을 돌아보는 시간을 가지게 하는 것도 잊지 말아야 한다. 이번 방학 때 실수한 것들이 있었다면 반성하고 다음에는 반복하지 않도록 다짐하는 중요한 과정이다. 어제보다 오늘, 오늘보다 내일 조금 더 계획하고 실천하며 반성해 나가는 것이야말로 진정한 발전이요, 성장이다.

넷째, 방학은 꿈을 향한 간절한 열정을 확인하는 시간이 되어야 한다. 여러 과목을 공부하는 초등학생 자녀에게 그러한 노력의 목표와 의미를 되짚어 볼 수 있는 기회를 제공해야 한다. 다시 말해 왜 공부해야 하는지, 공부의 필요성을 아이 스스로 깨달아야 한다는 것이다. 방학을 이용해 꿈을 적은 드림보드에 적힌 롤모델, 직업, 갖고 싶은 것 등에 대해 다시 한 번 체험시켜 주자. 목표 없이 공부하는 학생은 망망대해에서 방향을 잃고 헤매는 배와 같다. 롤모델과의 만남, 진학하고 싶은 학교 방문, 희망 직업 체험, 멘토와의 만남 등을 통해 꿈을 이루기 위해 이번 방학 때 실천해야 할 것들을 스스로 계획할 수 있도록 격려해야 한다.

다섯째, 단체 생활을 경험하도록 해 주자. 요즈음 대부분 가정의 자녀는 한두 명에 불과하기에 단체 생활에 대한 경험이 현저히 부족하다. 방학을 통해 테마가 있는 캠프, 수련회에 참가해 새로운 친구들과 만나 관계 맺는 법을 자연스럽게 배우게 하자. 단체 생활에서 지켜야 할 규칙을 머리와 몸으로 익히고, 이와 더불어 가족의 소중함과 부모님의 사랑도 느낄 수 있다면 금상첨화일 것이다.

여섯째, 계절 스포츠를 통해 계절감과 가족의 사랑을 느낄 수 있도록 하자. 여름에는 물놀이나 야영, 겨울에는 눈썰매, 스키, 스케이트 등 가족과 함께 다양한 계절 스포츠를 즐기며 가족애를 느끼는 시간을 만들어 보자. 특별한 추억도 쌓고 행복한 사진도 남기며 부모와 자녀 간의 사랑과 신뢰를 회복하는 의미 있는 시간이 될 것이다.

Chapter 6
초등맘들이 가장
궁금해하는 질문들

Chapter 6

01 학원을 보낸다면 어떤 학원을 고를까?

"엄마, 나 오늘 학원 안 가면 안 돼?"

"저 오늘 배가 아파서 학원 못 가겠어요."

이렇게 여러 가지 이유를 대며 학원에 가기 싫다는 아이들의 반응은 어제오늘의 일이 아니다. 요즘 초등학생들이 방과 후에 다니는 학원은 평균 두세 곳이며, 영어와 수학 학원이 주류를 이룬다. 학교 수업이 오후 세 시 정도에 끝난다고 가정할 때 학원 수업을 마치고 집에 오면 약 일곱 시가 된다. 방학이 되면 심화 보충 학습 때문에 학원에서 생활하는 시간이 더 길어진다.

아이가 학원에 다니는 이유를 살펴보면 크게 다섯 가지로 정리할 수 있다.

첫째는 엄마의 불안감 때문이다.

"송은이는 학원을 세 군데나 다닌다더라."

"혜선이는 벌써 중학교 영어를 배우고 있다던데?"

부모는 이런 이야기를 들으면 마치 우리 아이가 다른 아이에 비해 많이 뒤처진다는 생각이 든다. 그래서 불안한 마음에 좋은 학원을 수소문해서 여기저기에 등록하는 것이다.

둘째는 맞벌이 가정인 경우 자녀가 방과 후에 집에 혼자 있게 되므로 학원에 보내는 경우이고, 셋째는 자녀를 친구들과 어울리게 하기 위해 또래가 많은 학원에 등록시키는 경우다. 대부분의 아이들이 학원에 다니므로 친구들을 만날 시간이 점차 줄어들기 때문이다.

넷째는 가정에서 부모가 가르치기에는 버겁기 때문에 전문 학원을 통해 아이를 교육시키기 위해서고, 다섯째는 자녀가 학습을 원해서 스스로 학원을 선택해 다니는 경우다.

대부분의 부모는 자녀가 학원에 다니면 혼자 공부하는 것보다 더 효율적일 것이라고 생각한다. 그러나 학원에 다니는 모든 아이가 능률적인 학습을 하는 것은 아니다. 반대로 학원에 다니지 않는다고 해서 학습 능력이 떨어지는 것도 아니다. 즉 학습의 주체자인 아이가 학원에 다니는 동기와 태도에 따라 학습 성취 능력의 결과가 달라진다는 것이다.

만약 아이가 보다 깊이 있는 수준의 공부를 원한다면 가정 학습

보다는 학원에 보내는 것이 좋다. 혼자 공부하는 것보다 함께 공부하는 것이 더 효과적인 아이에게도 학원이 어울릴 것이다. 특히 토론 수업이나 체육 활동 수업 등은 또래 친구들과 함께하는 것이 더 능률적이다. 자녀가 미술이나 음악 등 새로운 분야에 관심을 가지고 배우고자 할 때에도 학원에 보내는 것이 좋다.

부모가 맞벌이를 하거나 가정 학습이 불가능하다는 이유로 자녀를 학원에 보내야 할 때는 다음의 다섯 가지 요소를 반드시 염두에 두고 학원을 선택해야 한다.

첫째, 집에서 가까운 학원에 다니도록 배려하자. 초등학생은 안전에 대한 인식이 부족하고 체력적으로도 많이 힘들기 때문에 통원 거리가 멀지 않은 학원이 좋다.

둘째, 인지도나 브랜드가 있는 학원보다는 어떤 강사가 어떤 교육을 하는지에 관심을 가져야 한다. 요즘은 학원도 대형화, 기업화되면서 유명하고 인기 있는 학원이 많아졌다. 그러나 학원을 선택할 때는 강사가 어떻게 수업을 진행하는지, 우리 아이의 성향과 잘 맞는지에 관심을 두는 것이 중요하다. '유명한' 강사가 잘 가르치는 것이 아니라 '성실한' 강사가 잘 가르치는 것이다.

셋째, 문제풀이식, 주입식 교육 방식이 아닌 학생이 참여하고 생각하게 하는 방식의 학원을 선택하라. 문제를 빠르게 잘 풀기보다는 다양하게 창의적으로 생각할 수 있도록 가르치는 학원이 좋다. 당장은 느려 보이고 천천히 가는 것 같지만, 꾸준히 한다면 오히려 앞서 가는 교육 방식이 될 것이다.

마지막으로, 학습의 멘토 혹은 선의의 경쟁을 할 수 있는 친구가 다니는 학원인지 살펴보라. 아이가 새로운 환경에 적응하는 데는 다소 시간이 걸릴 수도 있다. 친구가 있는 학원에서는 적응도 빨리할 수 있고, 공부에 대한 도전과 동기를 얻을 수 있다.

최근에는 학원이 아닌 과외를 선택하는 부모도 늘고 있다. 일대일 개인 지도가 가능하다는 장점 때문이다. 과외를 할 경우에는 학습 지도뿐 아니라 생활 전반에 대해 지도해 줄 수 있는 교사를 찾아야 한다. 학습 스케줄 관리, 생활 스케줄, 목표 의식 설정, 공부 방법 등에 대해서도 배울 수 있는지 확인하고 선택하자.

조용히 혼자 공부하는 것이 능률적인 아이도 있다. 자녀가 이러한 성향을 지녔다면 아이의 수준에 맞는 인터넷 강의를 통해 공부하게 하는 것도 좋다. 인터넷 강의를 들을 경우, 매일 일정한 시간을 정해 꾸준히 수업을 듣고 의문 사항은 반드시 해당 사이트 게시판이나 학교 선생님께 질문하는 습관이 필요하다. 욕심 내어 많은 수업을 듣기보다는 한 시간의 수업이 끝난 후 자신의 지식으로 만드는 '자기 지식화 과정'을 거치는 것이 더 중요하다는 사실을 아이에게 일깨워 주자.

가장 좋은 동기와 태도는 아이 스스로 배우고자 하는 열의를 가지는 것이다. 그러나 지금 내 자녀에게 자발적인 학습 마인드가 없다고 해도 실망하지 말고 지속적으로 관심과 격려를 보내 주자. 아이가 기계적으로 학원에 가는 것이 아니라 새로운 학습에 대해 기대하는 마음을 지닐 수 있도록 돕기 위해서다.

아이가 학원 공부를 힘들어하거나 학원 생활에 문제가 있다면 학원 교사와의 상담을 통해 풀어 나가고, 정기적인 면담을 통해 아이의 학원 생활을 파악하고 이해하는 것도 필요하다. 학원비를 냈으니 학원에서 알아서 책임지고 교육시킬 것이라는 생각은 무척 위험하다. 교육은 값을 주고 사는 상품이 아니다. 교육은 사랑의 양분과 관심의 햇빛을 아이에게 쏟을 때 그 효과가 극대화될 수 있다. 따라서 학교든 학원이든 과외든 협력과 수용의 자세로 교사의 이야기에 귀를 기울이고 최대한 협조해 주는 것이 좋다.

무엇보다 엄마의 뜻에 따라 자녀가 이 학원, 저 학원을 전전하는 시간은 줄이도록 하자. 학원은 아이와 함께 신중하게 선택하고, 일단 선택한 뒤에는 되도록 학원의 강사와 교육 방식을 신뢰해야 한다. 그래야만 학원과 적극적으로 소통하며 아이의 발전을 도울 수 있다. 최고의 학원은 아이가 스스로 즐겁고 신나게 공부할 수 있는 학원이다.

마지막으로, 아이에게 학원비가 얼마인지 과감히 알려 주기를 권한다. 부모가 열심히 일해 번 돈으로 아이가 학원에 다니고 있다는 사실을 깨닫게 해 주는 것이다. 이를 통해 아이는 자신의 꿈을 위해서, 그리고 고생하는 부모의 사랑에 보답하기 위해서 더 집중하고 열심히 공부할 것이다.

02 저학년, 고학년에 맞는 자녀의 용돈 관리

초등학생으로 보이는 한 아이가 문구점에서 반 친구들에게 만 원어치 이상의 간식을 사 주는 것을 보고는 그 아이에게 이렇게 물어본 적이 있다.

"얘야, 너는 용돈을 얼마나 받는데 친구들에게 이렇게 많은 간식을 사 주니?"

그런데 아이의 대답이 너무나 뜻밖이었다. 아이는 언제나 '외상'으로 물건을 사고, 한 달에 한 번씩 아이의 부모가 지불해 준다는 것이었다. 일 때문에 바쁜 부모가 미안한 마음에 자녀가 원하는 것을 마음껏 사게끔 한 의도는 충분히 느껴지지만, 이처럼 무분별한 소비는 아이로 하여금 제대로 된 경제관념을 갖지 못하게 한다. 계획적이고 합리적인 소비, 저축 등을 통해 돈의 쓰임과 의미를 알려 주는 것이야말로 경제 교육의 시작이다.

자녀의 올바른 경제 교육을 위한 몇 가지 방법을 소개한다.

첫째, 자녀가 저학년이라면 일주일 단위, 고학년이라면 보름 또는 한 달 단위로 용돈을 준다. 저학년은 돈을 관리할 능력이 서툴기 때문에 기간을 짧게 잡아 용돈을 주고, 고학년이 되면 스스로 관리할 수 있는 능력이 생기므로 기간을 차츰 늘려 가는 것이다. 부모에게 필요할 때마다 돈을 받아 쓰는 것보다는 일정한 기간에 정해진 액수의 돈을 받음으로써 합리적인 소비를 계획할 수 있다.

둘째, 자녀의 이름으로 된 통장을 개설한다. 통장에 돈이 차곡차

곡 모이는 것을 직접 보면서 아이는 저축의 재미를 알게 된다. 돈을 저금하며 미래를 대비할 수 있음을 교육하고, 불필요한 소비도 줄일 수 있다. 은행을 자주 방문하다 보면 자연스럽게 은행을 이용하는 방법과 은행의 역할도 배울 수 있으니 유익하다. 고학년이라면 펀드 계좌를 개설해 투자에 대한 마인드를 조금씩 늘려 가는 것도 좋다. 어떻게 돈이 운용되고, 어떻게 수익이 발생하는지 이해시키는 것도 필요한 과정이다.

셋째, 용돈 기입장을 작성하게 한다. 용돈 기입장을 작성하는 가장 큰 이유는 자신의 소비 습관을 점검하고 반성하는 도구로 사용하기 위함이다. 부모는 아이에게 용돈을 줄 때마다 용돈 기입장을 잘 작성하고 있는지 체크하고 소비에 대해 함께 대화를 나누며 아이의 경제관을 바로잡아야 한다.

넷째, 어린이 경제 신문에 실린 유익한 기사를 소개하거나 경제와 관련된 박물관을 견학한다. 어린 나이에 큰돈을 모은 학생의 인터뷰, 화폐 박물관 관람 등 다양한 직·간접적 경험을 통해 자연스럽게 터득한 경제관념이야말로 아이의 인생에 살아 숨 쉬는 지식이 될 것이다.

경제 교육은 평생 교육이다. 돈을 지배하느냐 돈에 지배되느냐는 어린 시절의 경제 교육에서 결정된다. 자녀가 적은 돈도 소중히 여겨 저축하고 계획해서 합리적으로 소비하는 습관을 지닐 수 있도록 관심을 가지고 지켜보는 것이 중요하다.

03 학군이 좋은 학교 vs 행복한 학교

최근 교육 수요가 다양해지면서 수요자의 요구에 맞는 다양한 학교가 생겨나고 있다. 초등학교 입학을 앞둔 자녀가 있는 학부모들은 자녀를 공립학교에 보낼지, 아니면 사립학교에 보낼지 고민하기 시작한다. 초등학교 6학년 자녀를 둔 학부모는 일반 중학교와 국제중학교 사이에서 고민하곤 한다. 일반 학교와는 다른 대안 학교에 관심을 가지고 있는 부모도 종종 만난다.

학교를 결정할 때 가장 중요하게 고려해야 할 부분은 '어느 학교에서 자녀가 가장 행복하게 생활할 수 있는지'다. 학교의 형태가 중요한 것이 아니라 아이가 재미있고 행복하게 공부하고 뛰놀 수 있는 학교가 어디인지를 고민해야 한다.

공립초등학교와 사립초등학교를 두고 고민되는 사항을 세 가지로 정리해 보았다.

첫째, 공립초등학교는 지방자치단체에서 설립하고 운영하는 학교다. 따라서 수업료를 전혀 지불하지 않는다. 그러나 사립초등학교의 경우, 수업료는 수요자의 부담이다. 입학금이 일반적으로 100만 원, 수업료는 분기에 최소 100만 원에서 최대 200만 원이 넘는 학교도 있다. 그리고 사립초등학교의 경우 급식비 또한 수요자 부담이며, 집과 떨어진 학교라면 스쿨버스 비용도 감안해야 한다. 이와 더불어 교복, 코트, 카디건 등 학교에서 지정한 옷이 있다. 따라서 사립초등학교를 생각한다면 재정적 부담이 되는 부분을 고려해야 한다.

둘째, 공립초등학교와 사립초등학교의 기본적인 교육과정은 모두 국가수준교육과정을 따른다. 그런데 사립초등학교의 경우 학교마다 특색교육을 강점으로 내세운다. 인성 교육, 예체능 교육, 외국어 교육 등이 대표적이다. 이러한 수업은 정규교육과정에 녹아 있기도 하고, 방과 후 수업을 통해서도 실현한다. 다시 말해, 공립초등학교에서 정규수업을 마치고 이 학원, 저 학원을 돌며 배우는 것을 사립초등학교에서는 학교 안에서 해결할 수 있는 시스템을 만들어 놓았다고 이해하면 된다. 요즘은 공립초등학교에도 방과후학교가 많이 개설되어 있으므로 학교의 교육과정 및 운영 상황을 홈페이지 등을 통해 꼼꼼하게 살펴보자.

마지막으로 고려해야 할 점은 거리와 교통편이다. 원하는 학교가 집에서 얼마나 걸리는지, 오가는 방법은 편한지를 고려해야 한다. 초등학생은 아직 어리기 때문에, 방과 후에 안전하게 집으로 하교할 수 있는지 등을 꼭 생각해 보아야 한다. 사립초등학교는 대부분 학교 셔틀버스나 사설 승합차 등을 지역별로 운행하며, 공립초등학교는 직접 데리러 가거나 학원 차량 등을 많이 이용한다.

"○○학교를 졸업하면 특목고에 쉽게 진학할 수 있어요."

"이곳은 우등생들만 다니는 학교니까 잘 가르치겠죠?"

물론 우리 아이가 보다 나은 환경에서 뛰어난 친구들과 함께 공부했으면 하는 것은 모든 부모의 바람일 것이다. 그러나 이와 같은 이야기에 현혹되어 자녀를 해당 학교에 진학시키는 것은 부모의 조급한 욕심에 지나지 않는다.

초등학교 졸업을 앞둔 어느 학생이 부모와 국제중학교 진학에 대해 갈등을 겪고 있었다. 부모는 국제중학교로의 진학을 원했지만 아이는 일반 학교를 희망했다. 아이는 결국 부모의 뜻에 따라 국제중학교에 지원하고 1, 2차 시험과 면접에 합격했다. 그런데 아깝게도 3차 심사에서 떨어져 그 학생은 어쩔 수 없이 일반 중학교에 진학했고, 그 후로 누구보다 즐겁게 학교생활을 하며 전교 1등을 놓치지 않았다. 만약 국제중학교의 커리큘럼이 자신과 맞지 않았음에도 부모의 강요에 의해 진학했다면, 이 아이는 분명 많은 스트레스로 제대로 된 학교생활을 하지 못했을 수도 있다.

사람 사이에도 서로 잘 맞는 사람이 있듯이, 학교와 학생이 서로 잘 맞는지도 무척 중요하다. 그러므로 학교를 선택할 때는 신중, 또 신중해야 한다. 다음의 세 가지를 염두에 두고 자녀에게 가장 적합한 학교를 선택하면 좋다.

첫째, 진학을 희망하는 학교에 대한 철저한 정보 조사는 필수다. 학교를 방문해서 교사와 상담해 보고 학교 책자를 통해 교육과정을 살펴보라. 무엇을 어떻게 가르치는지, 가치관과 비전은 무엇인지 파악해야 아이와의 궁합을 맞춰 볼 수 있다. 학교 홈페이지에 게시된 연간 교육과정표를 살펴봄으로써 학교의 행사와 교육 일정도 확인할 수 있다.

둘째, 해당 학교에 재학 중이거나 졸업한 학생을 만나 보는 것도 좋다. 지인을 통해 직접 면담하는 것이 가장 좋지만, 사정이 여의치 않으면 인터넷 커뮤니티를 통해 메일을 주고받는 것도 하나의 방법이다. 최소 세 명 이상의 의견을 들어 보는 것이 좋다. 방학이 되면 외부 학생을 대상으로 하는 프로그램을 개최하는 학교도 많으니, 이런 기회를 이용해 짧게나마 학교생활을 체험해 보고 다른 학부모와도 교류하도록 하자.

셋째, 학교에 대한 '환상'은 부모가 가장 경계해야 할 부분이다. 이 학교에 가면 모든 것이 해결될 것 같고, 우리 아이도 다른 아이들처럼 우등생으로 졸업하리라는 부푼 꿈에 젖은 부모가 무척 많다. 그러나 동전의 양면처럼 어느 학교나 장단점이 존재한다. 부모는 겉으로 부각되는 장점에만 현혹되지 말고, 이 학교에 가서 자녀가 어려워할 부분은 무엇인지까지 따져 봐야 한다. 지나친 환상에 빠져 무작정 진학시켰다가 아이가 예상치 못한 좌절을 맛보거나 상처를 입고 학교생활에 어려움을 겪을 수 있다.

인생에 있어 아주 중요한 만남이 세 가지 있다고 한다. 좋은 부모, 좋은 배우자, 그리고 좋은 스승을 만나는 것이다. 좋은 스승을 만나기 위해서는 좋은 학교를 선택해야 한다. 이는 학생의 숨은 잠재력을 키워 주고 아이가 즐겁게 학교생활을 할 수 있는 곳을 뜻한다.

학교 선택에 있어 가장 중요한 기준은 바로 '우리 아이'라는 사실을 기억하자. 사욕의 시선으로 학교를 바라보지 말고, 우리 아이의 유년시절을 행복하게 해 줄 학교가 어디인지 스스로 질문해 보자. '여기가 바로 우리 아이를 위한 학교구나!'라는 판단이 서는 순간에 진학을 결정해도 전혀 늦지 않다.

04 텔레비전, 스마트폰과의 전쟁

요즘은 텔레비전과 컴퓨터에 지나치게 노출된 아이들이 많다. 물론 어떤 것이든 일장일단의 요소가 있다. 텔레비전 프로그램 중에도 유익한 것이 있고, 컴퓨터도 잘만 활용하면 학습에 큰 도움이 된다. 그러나 계획성 없이 무분별하게 사용할 경우, 사고력 저하, 집중력 부족 등 부정적인 영향을 끼칠 위험이 크다.

최근 초등학생들에게서 볼 수 있는 거친 언어, 폭력성, 잔인함의 원인은 무분별하게 시청하는 텔레비전, 영상매체, 컴퓨터게임의 자극적인 스토리 구성 때문이다. 미술 시간에 자유 주제로 그리기 수업을 하면 유별나게 잔인한 장면을 그리고 그러한 장면에서 희열을 느끼는 학생이 종종 있다. 욕설과 비방을 서슴지 않는 학생, 자기 통제력을 잃은 채 친구들과 잦은 몸싸움을 일으키는 학생도 있다.

많은 부모들이 '우리 아이는 절대 그럴 리 없다'라고 생각한다. 아이들의 신체는 어느 때보다 건강하고 체격 조건은 좋아졌지만, 정신은 심각하게 병들어 가고 있다. 아이들의 생각과 가치관은 한순간에 만들어지는 것이 아니라 늘 접하는 매체, 만나는 친구, 또래 문화 등 다양한 요소들의 상호작용으로 나타나는 결과다. 유해한 환경에 여과 없이 노출된 아이들을 위해 부모의 각별한 관심과 노력이 필요하다.

초등학교 2학년이 되기 전까지는 되도록 영상매체에 노출을 최대한 줄이려고 노력해야 한다. 언어가 급속히 발달하는 시기이므로 부모와의 대화, 활자매체에 노출되는 시간을 늘리는 것이 바람직하기 때문이다. 고학년이 되어 노출이 불가피하다면 제한적으로 허용해야 한다. 컴퓨터는 학습의 도구로만 이용하고, 텔레비전도 유익한 프로그램만 계획적으로 시청하도록 하는 것이다.

학업 성취도가 높은 학생들은 공통적으로 자기조절능력, 절제력, 행동지연능력 등이 높다. 이러한 능력은 목표를 정하고, 스스로의 약속을 지키고자 하는 의지에서 비롯된다. 부모가 협력해서 아이를 지지하고 격려하면 이러한 능력들이 신장될 수 있다.

텔레비전, 컴퓨터 이용에 규칙을 정하고 이를 준수하도록 온 가족이 함께 노력하는 것이 필요하다. 경우에 따라 융통성을 발휘하기도 하면서, 궁극적으로는 매체의 노예가 아닌 지배자가 될 수 있도록 하는 것이다. 어릴 때부터 텔레비전, 컴퓨터 등의 미디어 영상매체에 노출된 시간이 많을수록 주의가 산만하고 집중력이 부족한 주의력결핍 과잉행동장애(ADHD)가 많이 발생한다는 보고가 있다. 또한 순간적이고 자극적인 영상은 아이들의 상상력 발휘를 저하하고 무기력증에 빠뜨릴 수 있다. 무엇보다도 강렬한 자극을 주는 흥미로운 영상에 익숙해진 아이들은 책과 점점 거리가 멀어질 수 있으니 유의해야 한다.

아이의 컴퓨터에는 반드시 유해 프로그램이나 유해 사이트 접속금지 프로그램이 설치되어 있어야 한다. 그리고 게임이나 인터넷 시간을 스스로 통제하지 못하는 경우에는 맘아이(www.momi.co.kr) 등과 같은 자녀 보호 프로그램을 다운받아 컴퓨터나 인터넷, 게임 사용 시간을 자동으로 설정해 주는 서비스를 활용하는 것도 좋다. 이러한 프로그램을 사용하면 스마트폰을 통해 자녀의 컴퓨터 사용 정보를 실시간으로 확인할 수도 있어 유용하다.

특히 컴퓨터게임에 심각하게 중독되어 있는 아이들을 보면 참으로 안타깝다. 현실에서 인정받지 못한 아이들은 사이버 상에서 권력을 얻고 대리만족을 느낀다. 또한 어떠한 성과를 낸 후 빠르고 확실한 보상이 주어진다는 것도 게임의 큰 매력이다. 아이들은 공부라는 거대한 스트레스에서 벗어나 게임 속 세상에서 자신의 생각대로 무엇이든 할 수 있다는 현실도피적인 상황을 즐긴다. 이러한 달콤한 유혹을 아이들은 좀처럼 뿌리치지 못하고 벗어날 수 없는 중독의 늪으로 빠져드는 것이다.

게임 중독에 빠진 자녀를 지도할 때는 다음과 같은 점을 유의해야 한다.

첫째, 무조건 금지하는 식의 지도는 바람직하지 않다. 컴퓨터를 하고 있는 자녀의 옆에 앉아 게임에 대해 질문하고 때로는 직접 게임을 해 보며 아이와의 소통을 시도해야 한다. 호랑이를 잡기 위해서는 호랑이 굴에 들어가야 하듯, 게임 중독에 빠진 아이를 건져 내기 위해서는 그곳으로 들어가야만 한다. 부모가 게임하는 아이의 마음을 어느 정도 이해하면, "그만해"가 아닌 "이번 라운드는 언제쯤 끝날까?" "이것만 깨면 마무리하자, 괜찮지?"라는 식의 대화로 자녀의 행동을 지도할 수 있다.

둘째, 일정한 게임 시간을 정하고 스스로 지키도록 유도한다. 아이가 게임을 시작하기 전에 미리 적당한 시간을 부모와 상의한 뒤, 알람이 울리면 게임을 종료한다는 규칙을 정하는 것이다. 스스로 정한 규칙이니만큼 실천하는 것도 비교적 쉽다. 자녀가 약속을 충실히 지키면 부모는 칭찬과 격려, 그리고 적절한 보상을 해 준다.

셋째, 게임에 노출되는 시간을 메모하는 '미디어 일지'를 작성한다. 하루에 몇 시간이나 게임을 하는지에 대한 자가진단이 필요하다. 미디어 일지를 작성하면 자신의 생활을 스스로 반성하는 계기가 될 수 있다. 부모와 자녀가 함께 일지를 보며 게임이 주는 장단점에 대해 이야기를 나누면 차차 아이의 생각과 행동도 변화할 것이다.

넷째, 게임에 쏟는 에너지를 다른 곳에 사용할 수 있도록 이끌어 줘야 한다. 아이의 관심사를 운동, 독서 등 건전한 취미 활동으로 돌려 보자. 집에 혼자 있는 시간은 줄이고 다양한 활동에 참여할 기회를 제공함으로써 스트레스를 발산할 수 있는 통로를 만들어 주는 것이 중요하다.

마지막으로, 컴퓨터를 거실보다는 안방으로 옮기는 것을 추천한다. 혹은 아예 컴퓨터의 코드를 빼 두는 것도 하나의 방법이다. 일주일간 컴퓨터 켜지 않기 등의 가족 캠페인을 통해 컴퓨터를 하지 않아도 생활에 아무 지장이 없음을 인식시키는 것도 좋다. 가장 중요한 것은 부모가 먼저 협조하고 모범을 보이는 것이다. 아이에게는 책을 읽으라고 하고는 부모가 텔레비전이나 컴퓨터를 본다면 아무런 효과가 없다. 말이 아닌 행동으로 하는 교육이 진정한 가르침이다.

한순간에 아이가 바뀌리라는 기대는 잘못이다. 아이를 성급하게 바꾸려는 마음을 버리고, 천천히 변화하는 자녀의 모습을 묵묵히 지켜보려는 태도가 필요하다. 무엇보다 부모가 먼저 미디어의 유혹에서 벗어나야 한다. 텔레비전의 전원을 끄는 순간, 비로소 가정의 소통이 시작된다는 사실을 명심하자.

05 숙제는 어디까지 도와주면 좋을까?

초등학교, 특히 저학년 학생들은 학교에서 내주는 과제의 양이 예전에 비해 점점 줄어드는 추세다. 1학년 학생들은 숙제가 거의 없거나, 있더라도 수학 익힘책의 문제풀이나 확인, 국어 활동의 글씨 따라 쓰기 등 아주 기본적인 내용이다. 이러한 숙제는 배우는 내용에 관심을 가지고 가정에서도 학습 습관이 자리잡을 수 있도록 돕는 데에 의미가 있다고 할 수 있다. 그렇다면 적은 분량이라도 학교에서 주어지는 숙제를 부모는 어디까지 도와주어야 할까?

이제 막 초등학교에 입학한 아이가 학교를 마치고 집에 오자마자 숙제부터 하게 만들기란 쉬운 일이 아니다. 부모 마음에는 해야 할 일들을 먼저 마치고, 놀이 등 다른 할 일을 자유롭게 하면 좋겠지만 그것은 하루 전체 일과를 살필 줄 아는 어른들의 생각일 뿐이다. 규율과 질서 안에서 생활해야 하는 학교에서 돌아온 아이는 집에 오면 일단 쉬고 싶을 것이다. 그렇게 오후를 보내고 저녁이 되면 당연히 몸이 피곤하다. 그때 숙제를 하려고 하면 효율이나 집중도가 많이 떨어지게 된다.

초등학교 1학년인 예원이는 성실한 아이다. 학교에서 준비해 오라는 것들은 스스로 챙기거나 엄마에게 이야기를 전하는 등 큰 의미의 과제들을 잘 챙기는 편이었다. 교실 수업의 과제는 거의 없지만, 방과후학교로 선택해 수강한 영어 수업에는 매일 과제가 있었다. 알림장도 따로 적어 왔다. 엄마는 학교를 마치고 온 예원이가 이 숙제들을 먼저 하고, 내일 가져가야 할 준비물들을 잘 챙겨 놓고 오후를 편안하게 보내길 바랐다. 하지만 오전 내내 학교생활을 마치고 집에 돌아온 아이는 자기 나름대로 자유롭게 하고 싶은 일들이 많았다.

어차피 과제를 해결하는 시간은 20분 내외로 길지 않은 편이기 때문에 우선은 아이가 하고 싶은 대로 두었다. 대신 중요한 규칙 하나는 꼭 약속해 두었다. '선생님이 배우는 과정에 필요하다고 내주신 과제는 꼭 해결해 간다'는 것이다. 그리고 피곤한 저녁에는 일찍 잠자리에 들고 대신 아침 시간에 과제하는 아이의 모습을 볼 수 있었다 (물론 아침에 과제를 해야 한다는 것은 아직까지 엄마가 일러 주어야 한다).

하지만 아이의 컨디션이나 체력에는 한계가 있는 법. 늦잠을 자지 않던 아이도 학교에 가기 시작한 지 몇 주 지나자 아침에 잘 일어나지 못한다. 아침에 늦잠을 자서 과제를 못하게 되자 예원이는 당황해했다. 숙제는 해야겠고, 아침 시간이 그리 여유롭지 못하게 되었으니 말이다. 이럴 때 답답하고 안타깝다고 부모가 뚝딱 해결해 보내서는 절대 안 된다. 이것은 학습 습관에 있어서의 첫 단추에 해당

한다. 예원이는 학교 쉬는 시간에 숙제를 하겠다며 못다 한 숙제를 들고 학교에 갔다. 하교 후 집으로 돌아온 예원이에게 엄마가 숙제를 어떻게 했느냐고 묻자, 아이는 중간 놀이 시간에 했다고 답했다. 그리고 그날 저녁에는 놀이보다 숙제를 먼저 하는 게 좋겠다는 엄마의 이야기가 설득력을 갖게 되었다.

한 번의 경험으로 되지 않는다면, 이렇게 마음 졸이고 후회되는 상황을 직접 몇 번 겪은 후에 생활 습관을 되돌아볼 수 있는 대화를 꼭 나누자. 아이는 해답을 잘 알고 있고, 그냥 잔소리할 때보다 훨씬 더 잘 받아들인다.

쉬는 시간에 할 수 있는 적은 분량의 과제가 아닌 좀 더 어렵고 복잡한 고학년의 과제는 어떨까? 이때는 어른이 도와주는 것이 아무래도 도움이 되지 않을까?

요즘은 아이들을 대상으로 한 요리 교실들이 많아졌다. 자녀와 함께 요리를 배울 수 있는 요리 교실을 신청했다고 하자. 이때 부모로서 기대되는 것은 레스토랑에서 나오는 것과 같은 근사한 요리일까? 아니면 아이와 함께 만들어 보는 기쁨일까?

과제를 바라보는 교사와 부모의 마음도 이와 비슷하다고 생각한다. 교실에서 익힌 내용에 대한 연습이나 추가적인 탐구가 필요할 때 주로 과제를 낸다. 교사가 더 알고 싶거나 어른들의 손길을 거친 멋진 완성품을 보고 싶어서가 아니다.

필자가 개인적인 연구를 위해 세계의 다른 선진국의 교육에 관한 조사를 하면서 호주에서 나고 자란 교사를 인터뷰한 적이 있었다. 호주의 수업 방식은 교사가 강의하고 학생들이 듣는 형식이 아니라 스스로 조사하고 탐구하는 방식의 수업이 많다고 했다. 그럼 분명히 집에 가서 자료를 찾고 그것들을 발표 형태로 작성하는 등의 과제도 있을 것이었다. 이를 아이 혼자 또는 아이들끼리 해결하기 위해 어려워하는 모습을 보면 어른들이 도와주지 않는지 질문했다.

놀랍게도, 답변은 이랬다.

"개입하지 않습니다. 그것은 어디까지나 아이의 일이니까 스스로 해결하는 것이 당연하다고 생각해요. 과제를 좀 더 잘하는 것보다 시행착오를 겪더라도 자기 힘으로 하는 것이 더 가치 있다고 생각합니다. 혼자 성취했을 때의 뿌듯함을 빼앗고 싶지 않아요. 잘하고 못하고는 중요하지 않습니다."

우리 정시로는 아이가 고생하니 도와주자는 마음이 있지만, 서양의 정서는 자립심이나 주도성, 자존감 등을 매우 중요하게 여기고 그것이 훼손되지 않도록 서툴러도 스스로 해 보는 것을 가치 있다고 생각한다는 것이다.

교사도 마찬가지다. 엄마 손으로 완성한 숙제는 금방 알아볼 수 있다. 아이가 오죽 피곤하고 바빴는지 일기까지 써 주는 부모도 있는데, 그 과정에서 자녀가 무엇을 배우게 될까. 의존, 거짓말 등일 것이다. 차라리 학교에서 한 번 꾸중을 듣고 다음부터는 일기 쓰기까지 잘 마무리하고 잠자리에 들 수 있도록 생활을 관리해야겠다고 아이 스스로 다짐하게 하는 편이 훨씬 나을 것이다.

물론 과제를 할 때 부모의 도움이 필요한 경우도 있다. 가정에 따라 차이는 있겠지만 인터넷으로 자료를 찾거나 출력하는 등 평소에 아이에게 허용하지 않는 일을 할 때나 또는 혼자 힘으로 궁리해 보았지만 풀이 방법을 알 수 없을 때 도와줄 수 있다. 중요한 것은 과제나 그것을 해결하는 과정을 통해 아이가 무엇을 배울 수 있는지 생각해 보고 접근하는 자세다.

06 엄마는 절대 모르는 교실에서 내 아이의 행동

교실도 작은 사회다. 여러 사람이 함께 생활하는 공간이며, 당연히 시간과 행동을 제한하는 규칙이 존재한다. 이 밖에도 더불어 살아가기 위한 배려도 필요한 곳이다. 다음은 이런 공동체 생활을 힘들게 하는 몇 가지 사례를 이야기하고자 한다. '내 아이가 이렇게 하면 어떻게 하지?' 하는 걱정보다는 학교생활에 대해 자녀와 이야기하면서 미리 살펴봐 주는 정도로만 활용되면 좋겠다.

행동이 늦으면 아무래도 정해진 시간표대로 움직이는 학교생활이 조금 힘들 수밖에 없다. 아침에 등교하면 자기 책가방을 정리하고, 독서나 운동 등 정해진 아침 활동을 약 10~20분 정도 한다. 1교시를 마치면 음악실이나 미술실로 이동하고, 점심시간, 방과후학교 등 학생들은 그다음 해야 할 활동에 맞추어 움직이게 되어 있다. 그런데 이렇게 시간별로 해야 할 일들을 따라가는 것을 유난히 어려워하는 학생들이 있다. 주로 행동이 늦은 아이들이 그렇다. 일부러 그러는 것은 아닌데 아무것도 하지 않고 그저 가만히 있다. 시간 개념이 약하고, 스스로 가방이나 소지품을 챙겨 보지 않은 학생들이 이런 경향을 보인다.

가정에서는 부모가 챙겨 줄 수 있지만, 학교까지 따라와 교실에서의 생활을 일일이 다 챙길 수는 없는 노릇이다. 가정에서도 시간에 맞춰 규칙적으로 생활하고, 자신의 준비물과 과제 등을 스스로 챙겨 보는 연습이 필요하다. 자기 혼자 해 보면서 약간의 시행착오를 겪어 보는 것이 도움이 된다. 특히 이런 행동 양식은 학년이 올라간다고 저절로 좋아지지 않는다. 정해진 시간이나 할 일을 잘 인식하도록 분명히 이야기해 주고, 스스로 책임 있게 챙겨 보도록 꼭 연습시켜야 한다.

두 번째 유형은 불안 정도가 높은 아이들이다. 이런 학생들은 학교에서 하는 활동, 특히 시험이나 수행평가에 매우 불안해한다.

"선생님, 오늘 시험은 몇 시에 시작해요?"

"어려워요?"

"아, 나 다 잊어버리면 어쩌지?"

"하나도 생각이 안 나."

주로 이렇게 이야기하며 과민하게 생각하고, 화장실을 자주 간다거나 배탈이나 두통을 호소하기도 한다. 예전에 비해 이런 학생들이 점점 많아지는 것 같다. 시험이나 학업에 대한 부모의 과도한 반응이 원인이라고 생각한다. 이런 학생들에게는 마음을 안심시키고 자신감을 갖게 하는 것이 무엇보다 중요하다. 충분히 잘할 수 있는데 불필요하게 긴장해서 일을 그르치는 경우가 많기 때문이다.

아이가 긴장할 만한 행사에서 실수하지 말라고 아이를 다그치기보다는 다음과 같이 격려해 주는 것이 좋다.

"그동안 수업 시간에 선생님 말씀을 잘 들었으니, 잘 해낼 수 있을 거야. 엄마도 윤수를 응원할게."

이렇게 불안 정도가 높은 아이들은 대부분 기질이 섬세하고 여린 경우가 많으므로 자신이 마음먹은 대로 잘 진정되지 않을 수 있다. 이럴 때는 필통에 엄마의 손글씨 메모를 넣어 주어서 꺼내 보고 천천히 마음을 다스릴 수 있도록 도와주는 것도 좋은 방법이 될 것이다.

세 번째 유형은 말을 날카롭게 하는 경우다. 선생님에게는 그렇지 않은데, 친구들끼리 이야기할 때 들어 보면 차갑게 쏘아 대거나 상대를 배척하는 말을 해 함부로 친구에게 상처를 준다.

"야!"

"알거든."

"네가 그렇게 하든지."

"너는 안 돼."

"나 얘랑 놀기 싫어."

문제는 이런 반응을 받은 친구들도 당연히 이렇게 대응하게 된다는 것이다. 그럼 서로 상처가 되고, 친구 관계에 어려움을 겪을 수 있다. 원인을 생각해 보면 평소에 말을 곱게 주고받는 상호작용이 부족하거나 아니면 아직 아이이기 때문에 몸이 피곤해 짜증이 나는 경우에 이런 대화가 나오게 된다. 부모가 먼저 자녀 앞에서 고운 말로 대화하는 일이 중요하며, 아이가 충분히 잠을 잘 수 있도록 해 주고, 아침밥을 든든히 먹게 해 학교생활 중에 배가 고프지 않게 하는 것이 도움이 된다.

이 외에도 교실에서 무엇을 하든지 친구에게만 관심이 있어서 시간을 가리지 않고 친구에게 말을 걸고 뒤만 졸졸 따라다니거나, 가정에서 부모가 일대일로 응대해 주는 것처럼 수업 시간에도 선생님과의 상호작용을 독차지하려는 학생들이 있다. 학교는 살아가는 데에 기본적으로 필요한 것들을 배우는 장소이므로 정해진 규칙에 맞게 생활하고, 여러 친구들과 선생님이 함께 생활하는 곳이므로 다른 사람을 배려하며 행동해야 한다는 것을 이야기해 주어야 한다. 이런 마음과 행동의 준비가 소소해 보일지 모르지만 학교생활에는 큰 영향을 끼칠 수 있다.

07 학부모회 활동은 꼭 해야 하나?

학부모회 활동은 학교, 학급별로 차이가 있지만 이제 막 아이를 초등학교에 보내는 부모들은 꼭 알아 두어야 할 내용이다. 일반적으로 학부모 참여가 이루어지는 활동은 어머니회, 녹색어머니회, 도서관 사서 도우미, 학교 급식 모니터링, 학교운영위원회 등이 있다.

문제는 이러한 활동에 반드시 참여해야 하는 강제성은 없지만 전혀 참여하지 않기에는 눈치도 보이고 마음이 불편하다는 점이다. 특히 당번을 정해 돌아가면서 하는 일인 경우에는 동생이 어리다거나 워킹맘이라는 이유로 마냥 거절할 수도 없다. 이럴 때는 되도록 시간을 만들어 참여하는 것이 좋다.

어머니회는 학급 어머니회, 학년 어머니회, 전체 어머니회가 있다. 대개 학급 어머니회 임원들이 겸직하는 경우가 많다. 주로 학급이나 학교에서 진행하는 행사를 지원하고 운동회, 체험학습, 학습 발표회 같은 모임에도 참여한다.

녹색어머니회는 학교 주변의 교통 지도 활동을 주로 한다. 학교 근처 건널목에서 교통 지도를 위한 깃발을 들고 등하교 시간에 학생들의 교통안전 지도를 하는 것이다. 자녀의 등하굣길을 6년 내내 매일 데려다주기 어려운데, 아이들이 건너게 되는 건널목을 어른들이 순번을 정해 지켜 준다면 안심이 될 것이다. 하지만 학교 주변에 특별한 건널목이 없거나 교통 지도를 전담하는 다른 인력이 있다면 그 학교의 녹색어머니회는 아예 조직되지 않는 경우도 있다.

필자가 근무하는 학교도 그랬다. 학교 근처 주요 건널목도 하나뿐이고, 아이들이 등교하는 아침에 인사를 전한다는 의미에서 교사들이 요일별로 순서를 정해 아이들을 맞았다. 그래서 녹색어머니회가 아예 조직되지 않았다. 그런데 필자의 큰아이가 다니는 학교는 건널목이 네 개나 되고 그중 두 개는 8차선이나 되는 큰 도로여서 그런지 녹색어머니회가 조직되어 매우 철저하게 운영되고 있었다. 주별로 나누어 교통 지도를 담당하는 학급이 정해지고, 그 주간은 학부모들의 신청을 바탕으로 담임교사가 담당 건널목을 정해 주었다. 나중에 우리 학급의 표를 살펴보니 스물세 명의 학생 중 스물한 명의 학생 이름이 적혀 있었다(총 21번의 교통지도가 필요했고, 이름이 없는 아이는 부모님이 곁에 안 계시는 정도의 사정이 있는 아이뿐이었다). 엄마가 직장을 다니거나 할머니, 할아버지가 주로 돌보시는 학생들 이름도 모두 있는 표를 보고 적잖이 놀랐다.

결국 필자도 큰아이는 평소에는 이용하지 않았던 학교의 아침 돌봄교실로 일찍 보내고, 작은 아이도 유치원에 거의 첫 번째로 등원시켜 놓고 녹색어머니회 봉사를 했던 일이 있다. 만약 학교에 녹색어머니회가 있다면 다른 학부모회 활동에 비해 거의 모든 학부모가 참여해야 할 가능성이 크므로 시간을 미리 안배해 두어야 한다.

학교운영위원회는 교장 선생님, 교원뿐 아니라 학부모와 지역 인사 등 다양한 사람들의 의견을 듣고 학교 운영에 대한 의사 결정을 함께 운영하겠다는 취지의 심의, 자문 기구다. 회사의 이사회와 같은 조직이라고 할 수 있다. 학교의 예산, 결산, 교육과정 운영, 교과서, 교복, 급식, 교육분쟁조정 등 운영 전반에 걸친 내용을 다룬다.

학교운영위원 중 학부모 위원은 전교 학부모 중 3~5명 정도로 인원이 많지 않다. 보통 입후보 공고와 신청을 받은 후 투표를 거쳐 당선되는 절차를 밟는다. 자녀 여럿을 한 학교에 보내거나 아이가 전교 학생회 임원으로 선출되었을 때 주로 부모가 같이 활동하는 경우가 있고, 그 외에도 학교 운영 전반에 관심이 있는 학부모는 누구나 입후보가 가능하다.

이 밖에도 도서실의 책을 정리하거나 읽어 주는 도서 봉사('명예교사' 등 명칭은 다를 수 있다), 급식 배식을 돕거나 재료 확인 등에 참여하는 급식 봉사, 교실 청소 봉사, 학습 준비물 제작을 돕는 봉사, 아버지회 등 다양한 분야에서 학부모들의 참여가 필요한 경우가 있다. 이것들 역시 각 학교의 상황에 따라 운영 방식 면에서 차이가 크다. 이 부분은 학기 초 가정통신문이나 이미 자녀를 학교에 보내는 다른 학부모들과 이야기를 나누어 보는 것이 필요하다.

2015 개정교육과정은 인문학적 상상력과 과학기술 창조력을 갖춘 창의 융합형 인재 양성에 초점을 둔 교육과정이다. 즉 학문 간의 경계를 허문 융합형 교육을 추구하며, 창의적인 사고와 바른 인성을 갖춘 미래 인재 양성을 강조한다.

미래 인재 양성을 위해 학교교육에서는 자기관리 역량, 지식정보 처리 역량, 창의적 사고 역량, 심미적 감성 역량, 의사소통 역량, 공동체 역량의 여섯 가지 핵심 역량 배양을 교육 방향으로 설정한다. 핵심 역량은 미래 사회를 살아갈 사회구성원으로서 갖춰야 할 능력, 기능, 지식을 총체적으로 말한다. 교육과정평가원에서는 "시대 및 사회 환경 변화에 적절히 대응하여 직무를 수행하는 데 필요한 모든 학생을 위한 기초 능력"이라고 정의했다.

자아정체성과 자신감을 바탕으로 자신의 삶과 진로에 필요한 능력을 길러 자기주도적으로 살아갈 수 있는 '자기관리 역량', 다양한 문제를 합리적으로 해결하기 위해 다양한 영역의 지식 및 정보를 활용하는 '지식정보 처리 역량', 기초 지식을 바탕으로 다양한 분야의 지식, 기술, 경험을 융합하여 새로운 것으로 창출하는 '창의적 사고 역량', 사람에 대한 공감적 이해과 문화적 감수성을 바탕으로 삶의 가치와 의미를 발견하는 '심미적 감성 역량', 다양한 상황에서 자신의 생각과 감정을 표현하고 다른 사람의 의견을 경청하고 존중하는 '의사소통 역량', 지역·국가·세계 공동체 구성원에게 요구되는 가치와 태도를 지니는 '공동체 역량' 등을 말한다(서울시교육청 공식 블로그 서울교육나침반 내용 참고).

특별히 눈에 띄는 것은 초등학교 1학년 과정에 한글 교육을 강조한다는 것이다. 유아교육과정과 연계하여 기존 한글 교육을 27차시에서 62차시로 확대했다. 다시 말해, 초등학교 2학년까지 모든 학생이 한글을 바르게 읽고 쓸 수 있도록 지도한다는 것이다. 1학년 1학기에는 전 교과에 걸쳐 글자 노출을 피하고 체험과 놀이 중심으로 수업이 진행된다.

또한 1, 2학년은 주당 한 시간씩 체험 중심의 안전교육을 실시한다. 3~6학년은 체육과 실과 교과에 안전 단원이 추가되고, 5, 6학년은 소프트웨어 기초소양교육이 진행된다.

2015 개정교육과정의 학습량은 이전 2009 개정교육과정의 학습량과 비교하면 80퍼센트 정도 수준이다. '적은 양을 깊이 있게(Less is more)'라는 방향으로, 중복되는 내용은 피하고 핵심과 원리 중심의 학습이 가능하도록 교육한다.

부모들의 학창 시절과 비교하여 정해진 틀 안에 아이들을 가두려 하는 교육은 옳지 않다. 틀에 얽매이지 않고 자기 주도적으로 학습, 놀이, 체험을 하도록 기회를 주고 격려하는 교육이 가정에서도 연계하여 이루어져야 한다. 또한 인문학적 소양, 이공계열의 지식, 과학 기술 창조력 등을 두루 갖추고 자신의 삶을 설계할 수 있도록 부모는 다양한 체험과 독서를 할 수 있도록 관심을 가져야 하겠다.

자녀와 함께 성장해 가는
행복한 초등 학부모

자녀를 학교에 보내면 갖가지 두려움이나 걱정들이 있을 수 있지만, 돌이켜 보면 그것들은 아이가 태어나 걸음마를 하고, 유치원에 가는 등 생의 단계 단계마다 있어 왔던 것들이다. 이만큼 건강하게 양육해 취학 연령이 되고, 이제 아이가 작은 사회로 발돋움하게 되었으니 그동안 부모로서 쏟은 희생과 헌신은 칭찬받기 충분하다.

자격증은 어떤 역할을 수행할 능력과 태도를 갖춘 사람에게 발급되는 것이다. 만약 부모가 되기 위한 자격증이 발급된다면 어떠한 자격이 필요할까. 다음의 여섯 가지 정도를 생각해 볼 수 있다.

첫째, 인내다. 인내는 '기다림의 교육'을 실현하기 위한 핵심적인 자격이자 능력이다. 즉 아이의 입장이 되어 천천히 기다려 주며, 친절하게 끝까지 안내하는 것이다. 우리나라 학부모들의 가장 큰 문제 중 하나인 '조급증'도 바로 인내의 결여에서 시작된 것이다. 교육은 공장에서 생산되는 물건처럼 결과물이 곧장 나타나는 것이 아님을 명심하자.

둘째, 모범적인 생활이다. 자녀에게 올바른 것을 강조하면서 정작 부모가 아이들에게 부끄러운 언행을 보이기 쉽다. 바른 교육을 하는 방법은 아주 간단하다. 아이가 바뀌기 전에 부모가 먼저 바뀌는 것이다. 삶으로 가르치는 것만이 진짜가 된다. 부모가 의식적으로 긍정적이고 바른 언행을 보여 주면 아이는 그런 모습을 자연스럽게 받아들이고 따르게 된다. 최고의 교과서는 바로 부모다.

셋째, 건강이다. 부모가 건강하지 못하면 집안의 분위기는 늘 침울하고 생기가 없다. 부모가 건강해야 아이의 건강도 챙길 수 있다. 부모가 피곤에 지쳐 있고 늘 병원을 오가면 아이는 불안하고 부모와 함께할 시간도 부족해진다. 따라서 아이들과 함께 운동하는 등 평소에 건강을 관리해야 한다.

넷째, 존중하는 자세다. 아이라고, 아직 어리다고 아이들을 함부로 다뤄도 된다는 생각은 위험하다. 아이들을 하나의 인격체로 존중하고, 동등한 입장에서 자녀와 의견을 나누며 경청하는 자세가 필요하다. 아직 성숙하지 못한 아이가 잘못된 판단을 내리더라도 부모는 명령이 아닌 조언으로 아이를 다스려야 한다.

다섯째, 사랑이다. 사랑은 아이들을 교육하는 데 있어 가장 중요한 핵심요소다. 특히 자녀에 대한 사랑은 분명 'Although(그럼에도 불구하고)'의 사랑이며, 헌신적인 사랑이어야 한다. 사랑에는 부작용이 없다. 지나칠수록 좋다. 그러나 자녀 교육에 있어 사랑의 표현 기술에는 분명 노력이 필요하다. 사랑한다고 해서 무조건적으로 수용하고 포용하는 것은 옳지 않다.

여섯째, 용기다. 아이들은 부모의 생각과 달리, 사소한 것에 마음의 상처를 입고 오래도록 기억하는 경우가 많다. 아이와의 진솔한 대화를 통해 아이가 부모로부터 받은 상처, 좋지 않은 감정들을 내어놓고 부모가 사과하는 시간을 가지길 바란다. 이것이 바로 용기다.

부모도 아이에게서 용서받아야 할 것이 있다면 반드시 용서받아야 한다. 그것이 부모와 자녀 관계에서 변화의 시작점이 될 것이다.

그 밖에도 세상의 모든 것이 교육의 소재임을 명심하는 것, 이것이 부모가 지녀야 할 기본적인 자녀 교육 태도다. 아이들이 학교에서 배우는 교과서의 내용만이 아니라 삶 전체가 교육임을 인식하는 것이다. 아이들에게는 부모나 형제의 삶, 태도, 언행, 사소한 습관까지 영향을 미칠 수 있다. 오히려 이러한 잠재적인 교육이 교과 교육보다 훨씬 중요하다. 따라서 초등교육의 핵심은 가정교육에 있다고 말할 수 있다.

한창 호기심이 많은 어린 자녀가 부모도 정확히 모르는 애매하고 사소한 것에 대해 질문했을 때, "그런 건 몰라도 돼" "엄마도 몰라"와 같이 대충 넘어가려는 태도는 결코 바람직하지 않다. 부모는 매사에 적극적으로 아이의 교육에 임해야 한다.

"엄마도 잘 모르겠네. 우리 서윤이가 책에서 찾아보고 엄마한테 가르쳐 줄래?”

“이런 부분이 궁금하구나? 그럼 아빠랑 같이 알아보자.”

이와 같은 태도로 자녀의 호기심을 함께 해결하려는 자세가 중요하다.

부모가 일을 하고 있는데 아이가 놀아 달라고 조르는 경우가 종종 있다. 이럴 때 “엄마 지금 일하고 있으니까 책이나 읽고 있어”라며 면박을 줄 것이 아니라 자녀의 눈높이에 맞춘 언어로 쉽게 설명해 주는 것이 좋다. 미국의 교육학자인 브루너는 아이들의 언어로 설명하기만 한다면 세상의 어떤 지식도 아이에게 이해시킬 수 있다고 주장했다. 이를테면 고등학생이 배우는 적분의 개념도 초등학생의 언어로 쉽게 접근하면 얼마든지 설명할 수 있다는 것이다.

“엄마는 지금 회사에서 물건을 팔아서 번 돈을 계산하는 중이야. 이것을 회계라고 한단다. 엄마가 이 일을 8시까지 해야 하니까, 진석이가 그때까지만 혼자서 책을 보고 있으면 좋겠다. 일이 끝나면 엄마가 꼭 놀아 줄게."

이처럼 구체적으로 부모의 일을 알려 주면 아이는 그 과정을 통해 세상과 사회를 조금씩 이해하게 된다. 또한 엄마의 상황을 이해하고 보다 협조적인 자세를 취할 것이다.

아이와 함께 신문이나 잡지를 펼쳐 놓고 커다란 제목과 사진을 보며 놀이하듯 교육하는 것도 매우 유익하다. 단어의 의미를 알려 주며 자연스럽게 요즘 사회에 어떤 일이 일어니고 있는지, 사람과 사람이 어떻게 더불어 살아가는지를 알려 주는 것이다. 그야말로 세상의 모든 것이 교육의 소재가 된다.

교육의 방법 중에서 가장 효과적인 것은 직접 경험하게 하는 것이다. 직접 경험을 위해 부모는 아이와 산, 바다, 마트, 영화관, 놀이동산, 공원, 회사 등 어느 곳이든 동행하길 권한다. 직접 체험함으로

써 생생한 교육 효과를 누릴 수 있다. 여기에 '미션'을 더하면 금상첨
화다. 예를 들어 자녀와 함께 마트에 갔다면, 아이에게 오늘 반찬으
로 만들 콩나물을 고르는 목표를 주는 것이다. 먼저 콩나물을 고를
때의 요령을 알려 주고 아이가 스스로 판단, 선택할 수 있는 권한을
준다. 이와 더불어 유통기한이나 가격 등에 대한 간단한 피드백을
더한다면 이것이 바로 살아있는 교육인 것이다.

아이들의 학년이 올라갈수록 부모가 아이와 함께 시간을 공유하
기가 쉽지 않다. 따라서 부모와의 애착관계 유지를 위해서도 작은
일을 함께하고, 가까운 곳도 동행하는 것이 좋다. 아이의 사고를 요
하는 목표를 주면 간단한 산책도 훌륭한 학습이 된다.

부모가 자녀와 많은 것을 경험하고 공유하며 자연스럽게 삶을 터
득하게 하는 과정은 빠른 속도로 진행되지 않는다. 아이는 물었던
것을 또 묻고, 여러 번 들어도 쉽게 이해하지 못한다. 부모가 이를 귀

찮게 여기고 뭐든지 대충 넘어가려고 하는 태도는 아이의 삶에 부정적인 영향을 미친다. 부모와 아이의 생활에 많은 교집합 부분을 만들고 무엇이든 함께하며 모범을 보이는 것이야말로 아이들을 위한 '참교육'이다.

모쪼록 자녀와 함께 성장해 간다는 여유로운 마음으로 행복한 초등학교 학부모가 되기를 진심으로 응원한다.

저자 김은혜, 김성현 드림

초등학교, 이 정도는 알고 보내자

1판 1쇄 2017년 9월 11일 발행

지은이 · 김은혜, 김성현
펴낸이 · 김정주
펴낸곳 · ㈜대성 Korea.com
본부장 · 김은경
기획편집 · 이향숙, 김현경, 양지애
디자인 · 문 용
영업마케팅 · 조남웅
경영지원 · 장현석, 박은하

등록 · 제300-2003-82호
주소 · 서울시 용산구 후암로 57길 57 (동자동) ㈜대성
대표전화 · (02) 6959-3140 | 팩스 · (02) 6959-3144
홈페이지 · www.daesungbook.com | 전자우편 · daesungbooks@korea.com

ⓒ 김은혜, 김성현, 2017
ISBN 978-89-97396-77-1 (13590)
이 책의 가격은 뒤표지에 있습니다.

Korea.com은 ㈜대성에서 펴내는 종합출판브랜드입니다.
잘못 만들어진 책은 구입하신 곳에서 바꾸어 드립니다.

이 도서의 국립중앙도서관 출판예정도서목록(CIP)은 서지정보유통지원시스템
홈페이지(http://seoji.nl.go.kr)와 국가자료공동목록시스템(http://www.
nl.go.kr/kolisnet)에서 이용하실 수 있습니다.(CIP제어번호: CIP2017021220)